中等职业学校以工作过程为导向课程改革实验项目

计算机网络技术专业核心课程系列教材

服务器配置

韩立凡　王　浩　主　编

王　欣　段继刚　主　审

机械工业出版社

本书是北京市教育委员会实施的"北京市中等职业学校以工作过程为导向课程改革实验项目"计算机网络技术专业系列教材之一，依据北京市教育委员会与北京教育科学研究院组织编写的"北京市中等职业学校以工作过程为导向课程改革实验项目"计算机网络技术专业教学指导方案，并参照国家相关职业标准、行业技能鉴定规范、知名厂商职业认证要求编写而成。

本书主要讲述服务器的安装、配置、调试、测试与验收的相关技术，内容循序渐进，配置步骤详细，图文并茂，以Windows Server为操作系统平台，介绍了常用服务器的配置方法。全书共3个单元，包括12个项目。学习单元1以塔式服务器和Windows Server 2003 R2为学习平台，解决小型企业网络的服务器配置问题，包括服务器系统安装，配置DHCP、文件服务器等内容；学习单元2以机架式服务器和Windows Server 2008 R2为学习平台，解决中型企业网络的服务器配置与调试问题，包括配置DNS、Web、IM、FTP等内容；学习单元3以Windows Server 2008 R2为基础，以Windows Server 2012为扩充，包括配置Active Directory域、域控制器迁移、负载平衡群集等内容。

本书可作为各类职业院校计算机网络技术及相关专业的教材，也可以作为系统集成工程师、企事业单位系统管理员、网络技术爱好者及相关从业人员的参考用书。

本书针对重点、难点内容配有微课视频，供读者更好地使用学习，也可以作为教师授课的素材。本书还配有电子课件，教师可以从机械工业出版社教材服务网（www.cmpedu.com）免费注册下载或联系编辑（010-88379194）咨询。

图书在版编目（CIP）数据

服务器配置/韩立凡，王浩主编 . —北京：机械工业出版社，2015.7
中等职业学校以工作过程为导向课程改革实验项目 .
计算机网络技术专业核心课程系列教材
ISBN 978-7-111-50833-5

Ⅰ.①服…　Ⅱ.①韩…　②王…　Ⅲ.①网络服务器—配置—中等专业学校—教材　Ⅳ.①TP368.5

中国版本图书馆 CIP 数据核字（2015）第 154699 号

机械工业出版社（北京市百万庄大街 22 号　邮政编码 100037）
策划编辑：梁　伟　责任编辑：李绍坤
版式设计：霍永明　责任校对：肖　琳
封面设计：马精明　责任印制：李　洋
北京机工印刷厂印刷（三河市南杨庄国丰装订厂装订）
2015 年 9 月第 1 版第 1 次印刷
184mm×260mm · 17 印张 · 384 千字
0 001—2 000 册
标准书号：ISBN 978-7-111-50833-5
定价：39.80 元

北京市中等职业学校工作过程导向课程教材编写委员会

主　任：吴晓川

副主任：柳燕君　吕良燕

委　员：（按姓氏拼音字母顺序排序）

程野东　陈　昊　鄂　甜　韩立凡　贺士榕

侯　光　胡定军　晋秉筠　姜春梅　赖娜娜

李怡民　李玉崑　刘淑珍　马开颜　牛德孝

潘会云　庆　敏　钱卫东　苏永昌　孙雅筠

田雅莉　王春乐　王春燕　谢国斌　徐　刚

严宝山　杨　帆　杨文尧　杨宗义　禹治斌

计算机网络技术专业教材编写委员会

主　任：韩立凡

副主任：李敏捷　花　峰　韩　琼　杨　毅　张玉荣

陈建南

委　员：郝俊华　朱　佳　何　琳　贺凤云　武　宏

刘　征　冯　江

编 写 说 明

为更好地满足首都经济社会发展对中等职业人才需求，增强职业教育对经济和社会发展的服务能力，北京市教育委员会在广泛调研的基础上，深入贯彻落实《国务院关于大力发展职业教育的决定》及《北京市人民政府关于大力发展职业教育的决定》文件精神，于2008年启动了"北京市中等职业学校以工作过程为导向课程改革实验项目"，旨在探索以工作过程为导向的课程开发模式，构建理论实践一体化、与职业资格标准相融合，具有首都特色、职教特点的中等职业教育课程体系和课程实施、评价及管理的有效途径和方法，不断提高技能型人才培养质量，为北京率先基本实现教育现代化提供优质服务。

历时五年，在北京市教育委员会的领导下，各专业课程改革团队学习、借鉴先进课程理念，校企合作共同建构了对接岗位需求和职业标准，以学生为主体、以综合职业能力培养为核心、理论实践一体化的课程体系，开发了汽车运用与维修等17个专业教学指导方案及其232门专业核心课程标准，并在32所中职学校、41个试点专业进行了改革实践，在课程设计、资源建设、课程实施、学业评价、教学管理等多方面取得了丰富成果。

为了进一步深化和推动课程改革，推广改革成果，北京市教育委员会委托北京教育科学研究院全面负责17个专业核心课程教材的编写及出版工作。北京教育科学研究院组建了教材编写委员会和专家指导组，在专家和出版社编辑的指导下有计划、按步骤、保质量完成教材编写工作。

本套教材在编写过程中，得到了北京市教育委员会领导的大力支持，得到了所有参与课程改革实验项目学校领导和教师的积极参与，得到了企业专家和课程专家的全力帮助，得到了出版社领导和编辑的大力配合，在此一并表示感谢。

希望本套教材能为各中等职业学校推进课程改革提供有益的服务与支撑，也恳请广大教师、专家批评指正，以利进一步完善。

北京教育科学研究院

2013年7月

本书是以北京市教育委员会实施的"北京市中等职业学校以工作过程为导向课程改革实验项目"计算机网络技术专业教学指导方案，并参照国家相关职业标准、行业技能鉴定规范、知名厂商职业认证要求编写而成。

本书对应的课程是中等职业学校计算机网络技术专业网络管理与维护方向的专业核心课程"服务器配置"。本课程是由典型工作任务直接转化而来，主要任务是使学生掌握服务器的安装、配置、调试、测试与验收的相关技术，具备服务器配置的能力，提高独立思考、学习和团结协作的能力，具备良好的职业道德与科学的工作态度。

随着信息技术的发展，企业的信息化建设也逐步加快，很多企事业单位都有了自己的内部办公网络，对能够安装、配置、调试服务器的系统管理员和系统维护人才的需求缺口也越来越大。

通过学习本书，读者能熟练掌握服务器选型、规划、配置与调试、测试等技术，学会必要的知识，了解行业发展和动向，适应企业不断发展的需求和软件、硬件版本带来的变化。本书站在一个初学者的角度，以配置企业不同的服务器为载体，通过完成具体工作任务掌握配置服务器相关的知识和技能，提升三大方面的能力：一是分析问题的能力，遇到问题知道"做什么"，安装什么服务器能够解决；二是解决问题的能力，知道自己该"怎么做"，知道如何配置服务器；三是方法能力，遇到一个问题可以通过几种方式去做，知道"怎样做得更好"。

本书主要特色如下：

1) 从读者的角度编写。在编写过程中除参照课程、行业标准外，还从学生的学习需求、认知方式、接受能力、就业需求出发，精选企业工作过程中适合学生学习的网络场景、工作案例，将企业中最常见的服务器种类，最需要解决的网络问题，最常用的软、硬件版本，最能理解和接受的工作方法，最需要了解的新技术引入书中，避免教材脱离学生实际就业需要，同时考虑学生的成长与专业发展。

2) 学习内容循序渐进。本书将企业所需的服务器种类按企业规模、学生认知特点，将搭建小型网络服务器环境、解决网络内部IP地址分配问题、实现文件共享、保障服务器正常运行作为学习单元1的内容，重在打基础，形成基本的服务器配置思路。将搭建中型网络服务器环境、为计算机实现域名解析、发布网站、构建即时通信系统、搭建FTP服务器实现文件存储作为学习单元2的内容，重在实践，借助学习单元1的知识与技能完成服务器的调试工作。将使用Active Directory实现资源统一管理、将原有域迁移至新的服务器、搭建负载平衡群集实现Web服务器冗余作为学习单元3的内容，重在对学生综合能力的考察，由对局部网络的分析提升到全局分析的高度。内容循序渐进，便于学生学习实践。

3) 企业专家全程参与。本书编写过程中，企业专家参与了前期的典型工作任务分析、课程标准制定、教材大纲制定、编写体例和案例选取、设备图片拍摄、内容撰写和校对全过程，使学习内容贴近企业实际工作需要。

4）栏目精心设计。本书的每个学习单元都划分了完成某一服务器配置工作的实训项目，每个项目下划分不同的任务，任务中又有完成任务所必需的介绍描述、分析、实施、测试、拓展等内容。此外，还设置了"知识链接""经验分享""温馨提示"等内容，在完成任务的过程中，既有知识的学习，也有经验等方法能力的锻炼和形成，同时体验了工作规范、行业约定等方面的要求。其中"趣图学知"栏目以漫画的形式通过类比、对比等手段解释网络原理、技术区别、配置注意事项等，幽默诙谐、一目了然，是本书的一个大胆尝试。

5）贴近职业资格、技能大赛要求。本书内容中除基本的知识与技能之外，还涉及了少部分企业设备安全、资产管理等内容，贴近国家相关部门对网络从业人员的职业资格要求。"普教有高考、职教有大赛"一句话很好地诠释了"全国职业院校技能大赛"的影响力，本书也可作为参赛选手备赛的参考用书，其中"单元实践"栏目内容参照大赛样题出题风格、历年知识点编写，旨在提高读者的网络分析、统筹规划、动手实践能力。

6）软、硬件紧随行业发展。本书使用Windows Server操作系统、基于x86结构的服务器作为软、硬件平台，编写过程中并未拘泥于具体的软件版本，而是将配置思路、步骤等能力的形成作为优先考虑方向。学习单元1使用塔式服务器与Windows Server 2003 R2作为软硬件环境，从经典服务器环境中锻炼基本能力；学习单元2使用机架式服务器与Windows Server 2008 R2这一搭配作为软、硬件平台，从主流服务器环境中锻炼实际工作能力；学习单元3并未限定服务器硬件环境，而是从网络规模和对服务器的需求程度出发，使用Windows Server 2008 R2和Windows Server 2012，学习服务迁移、优化等前沿技术，锻炼综合能力。读者可在VMware Workstation、VirtualBox等虚拟机软件中完成所有的学习任务。

本书建议安排108学时，具体学习参考如下：

单元序号	学习单元名称	参考学时
学习单元1	配置小型企业服务器	36
学习单元2	配置中型企业服务器	48
学习单元3	配置大型企业服务器	24

本书由韩立凡、王浩任主编，贾艳光、任燕军、黄深强、张韩雨晨任副主编，参加编写的还有刘佩、李烨、赵倩和徐超。其中，学习单元1由王浩、任燕军、贾艳光、徐超编写，学习单元2由贾艳光、黄深强、赵倩编写，学习单元3由韩立凡、张韩雨晨、刘佩、李烨编写。书中漫画由中盈创信（北京）商贸有限公司创作。

本书在编写过程中，得到了北京教育科学研究院相关领导和专家的大力支持，北京市信息管理学校老师王欣和淘宝（中国）软件有限公司工程师段继刚对本书编写提供了技术支持，在此，对他们表示衷心感谢。

由于编者水平有限，书中难免存在错误和不妥之处，敬请读者评判指正、提出宝贵意见。

编　者

CONTENTS 目录

扫码看微课

目录 CONTENTS

CONTENTS 目录

UNIT 1

配置小型企业服务器

PEIZHI XIAOXING QIYE FUWUQI

服务器系统由服务器硬件和网络操作系统两部分构成，其功能是为网络中的计算机提供网络服务。与个人计算机提供服务的方式有所不同，网络中的服务由服务器提供，共享资源一般存放在服务器上，方便用户使用计算机等终端设备进行访问。服务器具有可靠性高、资源管理集中等优点，能够满足企业网络中资源共享的需求，利用服务器管理网络能够使网络应用更加高效、便捷，如图1-1所示。

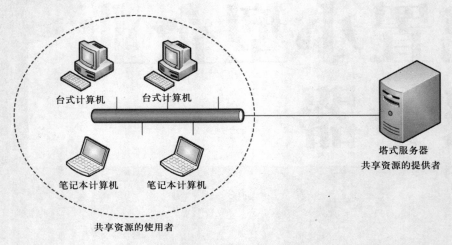

图1-1   服务器在网络中的位置

本单元从搭建小型网络服务器环境开始，学习如何选购适合小型企业使用的塔式服务器、为服务器安装操作系统、配置DHCP服务器解决内网IP地址自动分配问题、配置文件服务器实现局域网中的文件共享、部署企业版杀毒软件保障服务器和个人计算机的正常运行。通过本单元的学习和实践，读者基本能够配置和调试小型企业网络的服务器。

1）能够提炼服务器方案的有效信息。
2）能够检测服务器的硬件组成和参数。
3）能够安装服务器操作系统Windows Server 2003。
4）能够利用服务器为内网计算机分配IP地址。

5）能够安装、配置与调试DHCP服务器。

6）能够利用服务器解决内网文件共享需求。

7）能够安装企业版防病毒软件、升级病毒库、安装系统补丁，保证服务器的基本安全。

8）能够利用企业版防病毒软件，集中管理客户端防病毒软件的升级，保证客户机安全。

9）能够对小型企业服务器系统进行测试与验收。

单元情境

星空公司为解决公司网络中存在的问题，招聘一名服务器系统管理员。该公司网络规模较小，拥有20台计算机，所有计算机都连接到一台二层交换机上，组成了公司的局域网，并通过一台路由器连接到外部网络。

该公司有几个网络问题需要系统管理员解决：

第一，随着员工数量越来越多，新购进的计算机需要设置IP地址等网络参数，新员工自己设置比较困难并且经常出错，一旦出错就会造成计算机无法接入互联网，甚至会和其他计算机的IP地址产生冲突。

第二，随着业务量的扩大，员工间文件传输的需求也在增加，员工使用U盘复制时经常会感染计算机病毒，公司下发电子版文件还停留在群发电子邮件的形式，共享资源极为不便。

为了提高工作效率，公司准备投入3万元来解决这一问题。由系统管理员来完成服务器的采购、安装、配置和调试，并且要求设备能够安全稳定运行。该公司的网络拓扑结构如图1-2所示。

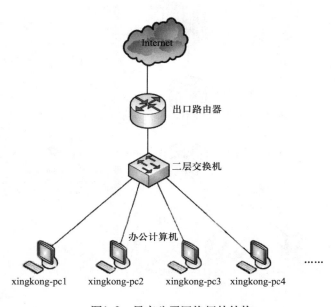

图1-2　星空公司网络拓扑结构

项目1　搭建小型网络服务器环境

项目描述

　　星空公司为满足IP地址分配和文件共享需求，准备购买两台服务器，每台设备软、硬件投入不超过1.5万元，要求设备至少提供一年的质保，以确保公司设备投入的利益回报。

项目分析

　　本项目要完成服务器的选型，并在服务器上安装稳定、易用的操作系统，以便后期维护。安装完操作系统后进行加电测试，记录服务器的主要硬件信息，项目实施流程如图1-3所示，服务器部署和地址规划如图1-4所示。

图1-3　项目实施流程

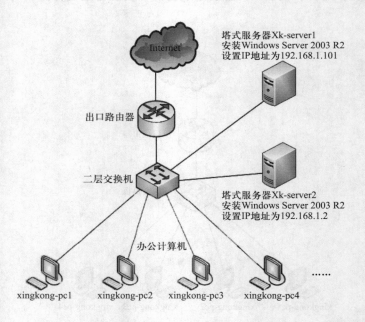

图1-4　服务器部署和地址规划

任务描述

　　星空公司因业务需要准备购买两台塔式服务器，一台用于运行DHCP服务、文件共享服务、FTP服务，另一台作为企业版杀毒软件的中心服务器。两台设备投入不超过3万元，包括服务器硬件和操作系统软件预算，至少提供一年质保。

任务分析

　　根据星空公司需求和设备投入预算，系统管理员需了解服务器类型和硬件配置信息，购买单个CPU、内存4GB或以上的塔式服务器产品比较符合实际，为了更好地支持文件存储，需配两块500GB的硬盘，购买Windows Server 2003 R2操作系统软件，并完成开箱初验，任务实施过程如图1-5所示。

图1-5　任务实施过程

任务实施

步骤1　了解服务器类型

　　服务器硬件按机箱结构可分为塔式服务器、机架式服务器、刀片式服务器，分别如图1-6～图1-8所示，不同结构的服务器适用于不同客户群。一般来说，塔式服务器适用于小型企业；机架式服务器适用于需要集中部署的网络环境，要求企业具有网络设备机架，并可安装服务器导轨以便维护；刀片式服务器则适用于需要密集型部署的网络环境，在单位空间内存放更多的服务器计算单元以满足大量的信息处理需求。

知识链接

服务器与个人计算机的关系

　　服务器可看做是一台高性能计算机，硬件构成与个人计算机（PC）有相似之处，如CPU、内存、硬盘、各种总线等。服务器的主要功能是提供各种网络服务（如Web服务、FTP服务、目录服务等）。

　　服务器在可靠性、安全性以及性能上比个人计算机要求更高。二者主要区别体现在处理能力、可扩展性、可管理性等方面。服务器处理的是网络用户的访问需求，要满足多用户多任务环境下以接近7×24h的可靠性运行。

学习单元1

图1-6　塔式服务器　　　　图1-7　机架式服务器　　　　图1-8　刀片式服务器

步骤2　了解服务器硬件配置

1）了解服务器CPU。

服务器的CPU是针对多任务设计的，并发处理能力比个人计算机的CPU强，并且支持多路CPU互联。市面上有些低端服务器采用了个人计算机的CPU，因此，选购服务器产品时要重点关注CPU，了解服务器CPU的产品型号、核心数量、主频等关键信息。

2）了解服务器硬盘。

服务器硬盘存储了软件和用户数据，这就要求硬盘的可靠性高、速度快。服务器一般采用高速、稳定、安全的SCSI接口或SAS接口的硬盘。也有一些低端服务器为降低成本采用普通SATA接口的硬盘。服务器硬盘的主流接口是SCSI，但随着串口硬盘的发展，SAS接口产品将逐渐代替SCSI接口产品。因此，在选购服务器产品时，选择SCSI、SAS接口的硬盘，要比SATA接口的硬盘更合适。

步骤3　选购塔式服务器

塔式服务器在外形以及结构上与立式个人计算机相似。服务器的主板扩展性较强、插槽数量多，其主板也比个人计算机的略大，因此，塔式服务器的主机机箱也比标准的ATX机箱大，机箱

温馨提示

主流塔式服务器品牌

主流的塔式服务器品牌有联想万全系列、ＤＥＬＬ的PowerEdge系列、IBM的System X系列、浪潮的英信系列等（这些系列既有塔式服务器产品也有机架式服务器产品）。

内会预留足够的内部空间以便日后进行硬盘和电源的冗余扩展。这种塔式服务器使用灵活、价格低廉，常用在小型企业网络中。

依据以上对CPU和硬盘的要求，星空公司选购的塔式服务器为联想万全T260系列，包含Windows Server 2003 R2操作系统（以此服务器为例，具体型号为"万全T260 G3 S5606 4G/2×500SNR1热插拔"，购买于2013年12月，经销商报价为14 300元/台），见表1-1。

表1-1　联想万全T260 G3 S5606服务器硬件信息

产 品 类 别	塔　　式	电 源 类 型	单　电　源
CPU型号	Xeon E5606 2.13GHz	产品结构	5U
标配CPU数量	1颗	RAID模式	RAID 1
内存容量	4GB ECC DDR3	扩展槽	2×PCI-E G2 x8插槽
标配硬盘容量	1TB	光盘驱动器	DVD-ROM
网络控制器	集成双千兆网卡	最大CPU数量	2颗

步骤4　开箱初验

初验的主要工作是检查运输过程中可能出现的包装损坏、个别设备的破损或遗失等，以便及时发现问题并与经销商协商处理。

1）检查商品包装、标识。

服务器外包装标识应全面完整，为商品原厂包装，并符合中国相关法律、法规、行政规章的规定，然后检查是否有由于运输造成的包装箱损坏等现象。

2）附件及随附文件检查。

包装箱中附一张随附文件清单，包括设备的装箱清单、中文技术资料（如操作手册、维修说明、服务手册等），根据此清单对货物附件及文件作详细验收，如图1-9所示。

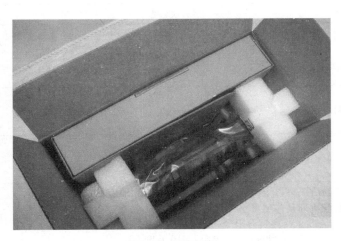

图1-9　开箱初验

3）对货物的规格、数量、质量等进行详细而全面检验。

4）确认无误后签字收货。

 任务测试

开箱核对产品信息以及配置数量等，依据实际情况填写《产品验收单》（本书的样单已对部分商业信息进行了处理），见表1-2。

表1-2　产品验收单

货 物 签 收 单（样表）

合同编号：HT-2003-00185
发货日期：2013年12月26日

客户名称	星空公司		客户联系人		王浩
联系电话	010-684800××				
客户地址	北京市海淀区××路				
合同编号	HT-2003-00185				
项目名称	塔式服务器产品采购： 1）联想万全T260 G3 S5606 4G/2×500SNR1热插拔。 2）开箱核对产品信息以及配件型号、数量等。				
实施单位	××××（北京）商贸有限公司				
验收内容	序号	名称	型号	数量	单位	备注
	1	服务器	T260 G3	2	台	
	2					
	3					
	4					

验收意见

送货人签字：日期：

收货人签字：日期：

请收货单位验证货物后填写以上内容，此签收单由本公司收存。
若货物受损或与上表所列具体项目不符，请速与我公司联系，谢谢。
公司名称：××××（北京）商贸有限公司
公司电话：010-629995××/629995×× 传真：010-629995××

 相关知识

主流服务器CPU架构

　　安装不同CPU的服务器在应用上所有不同。服务器CPU从架构上可分为CISC（Complex Instruction Set Computer，复杂指令集）架构和RISC（Reduced Instruction Set Computing，精简指令集）架构。

　　CISC架构的服务器CPU以Intel公司的产品为代表，又称IA架构。主流的产品有Intel

公司的Xeon（至强）、Itanium（安腾）系列，其中Xeon系列的CPU价格更低。另外还有AMD公司的Opteron（皓龙）系列。

RISC架构的服务器CPU以IBM公司的Power系列为代表，常用在小型机和存储服务器上。RISC架构的产品虽然先进，但所使用的操作系统大多数是UNIX/Linux产品，对系统管理员的技术水平要求较高。

对于一般小型企业，推荐使用主流的CISC架构CPU，如Xeon系列服务器产品，综合性价比更高。

任务拓展

实践

制作电子版《资产统计表》，将星空公司计算机、网络产品进行资产统计，记录名称、型号、序列号、购买价格、主要配置及参数、售后服务电话、使用部门等信息。

思考

机架式服务器、刀片式服务器是否适合使用在星空公司现有的环境中？为什么？

前沿技术关注

一种"云服务器"以其低廉的使用价格备受关注，很多个人或小企业都在租用"云服务器"，请在互联网上查找与"云服务器"相关的信息，了解"云服务器"的用途。想一想，"云服务器"是否适用于目前星空公司的网络环境，说出原因。

任务2　安装Windows Server 2003 R2操作系统

任务描述

星空公司购买的塔式服务器和操作系统光盘已经到货，在投入使用之前需要完成Windows Server 2003 R2操作系统的安装。

任务分析

为保证服务器稳定运行，应使用正版操作系统软件。星空公司购买的Windows Server 2003 R2企业版操作系统使用简单、方便，能够满足该公司网络的需要。此系统由2张光盘组成，需逐一安装。在安装过程中，首先进行磁盘分区，然后完成安装文件的复制，最后设置网络参数和基本信息，任务实施流程如图1-10所示。

图1-10　任务实施流程

知识链接

Windows Server 2003产品家族

Windows Server 2003产品家族包含4种面向不同客户需求的版本，分别是标准版、企业版、数据中心版、Web版，各个版本的功能和对服务器的硬件要求有所不同，其中数据中心版支持的内存、硬盘容量最大，企业版适合中小型企业使用。

任务实施

步骤1　准备安装光盘

安装Windows Server 2003 R2时需将2张光盘准备好，先将第1张光盘放入服务器光盘驱动器中，待系统提示再放入第2张光盘。

知识链接

Windows Server 2003 R2与非R2版本的区别

Windows Server 2003 R2是微软针对Windows Server 2003的第二次发行版本，除包含SP1的功能，还添加了一些新的功能，由2张光盘构成。CD 1就是Windows Server 2003 SP1（Service Pack服务更新包），CD 2中则包含了R2的新功能。原有Windows Server 2003授权不能应用在Windows Server 2003 R2上，要使用R2的功能，需要单独购买R2的授权。

步骤2　设置光盘驱动器启动优先

在BIOS中设置光盘驱动器启动优先，设置完毕后重新启动计算机。

步骤3　进行磁盘分区

1）光盘引导后进入系统安装过程，在"欢迎使用安装程序"界面按<Enter>（回车）键进行全新的Windows安装过程，如图1-11所示。

2）阅读"Windows授权协议"界面中的许可协议内容，按<F8>键同意该协议，如图1-12所示。

温馨提示

如何设置光盘驱动器启动优先

大多数服务器的主板BIOS默认设置为光盘驱动器启动优先，如不是可按<Delete>键进入BIOS中设置。有些服务器产品允许管理员按<F12>等键直接进入启动菜单。

图1-11　"欢迎使用安装程序"界面　　　　图1-12　"Windows授权协议"界面

3) 对现有磁盘进行分区。首先划分主分区（C盘），选中存放操作系统的磁盘，按<C>键划分分区，如图1-13所示。输入当前分区即C盘的磁盘分区大小（单位为MB），然后按<Enter>键确认，如图1-14所示。选中C盘，按<Enter>键安装操作系统，如图1-15所示。

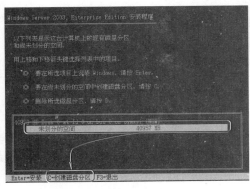

图1-13　当前磁盘分区列表

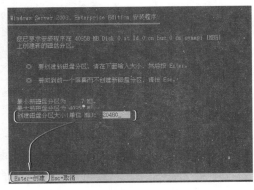

图1-14　输入创建分区的大小

步骤4　格式化磁盘分区

在格式化磁盘分区界面，选择"用NTFS文件系统格式化磁盘分区（快）"进行格式化操作，如图1-16所示。

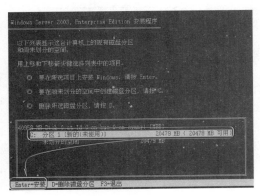

图1-15　查看分区列表，选择安装

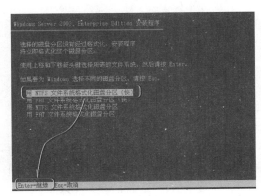

图1-16　格式化磁盘分区

知识链接

文件系统和NTFS

文件系统（File System）是指磁盘上的文件组织方法和数据结构。磁盘中的分区在首次使用前需要使用特定的文件系统进行格式化，常见的文件系统有CDFS、FAT32、NTFS、EXT4等，其中Windows硬盘中使用FAT32和NTFS较为广泛，NTFS文件系统的最大优势在于支持单个4GB以上的文件、支持文件和文件夹的权限设置与配额管理。

步骤5　等待安装程序复制文件直至完成

格式化完毕后会进行安装文件的复制，这个过程无需用户操作，如图1-17所示。复制完成15s后系统会自动重新启动（也可以按<Enter>键立即重新启动而无需等待）。

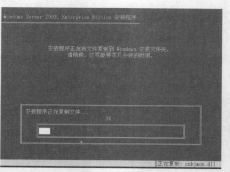

图1-17 安装程序复制文件过程

步骤6 设置基本信息和网络参数

1）系统文件复制完毕后，安装程序会进入图形化的Windows操作系统安装过程，直到弹出"区域和语言选项"对话框，如图1-18所示。系统默认的区域为"中国"，默认的语言为"中文（简体）"，此处无需更改，单击"下一步"按钮。

2）在"自定义软件"对话框中输入使用者的姓名和单位名称，如图1-19所示。输入完成后单击"下一步"按钮。

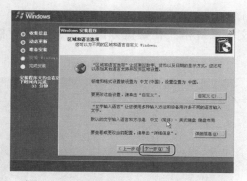

图1-18 "区域和语言选项"对话框

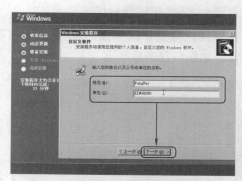

图1-19 输入使用者信息

3）在"您的产品密钥"对话框中，输入Windows Server 2003 R2的产品密钥（在光盘盒的背面，也有一些用户购买的是允许固定安装次数的"批量许可证"），如图1-20所示。输入完成后单击"下一步"按钮。

4）在"授权模式"对话框中依据实际需要选择授权模式，如图1-21所示。一般选择"每服务器"模式，如果未额外购买"客户端访问许可证"，则默认的同时连接数为"5"，选择完毕后单击"下一步"按钮。

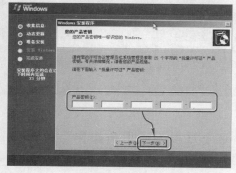

图1-20 输入产品密钥

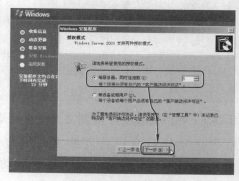

图1-21 授权模式选择

5）在"计算机名称和管理员密码"对话框中输入计算机的名称和管理员账户Administrator的密码，如图1-22所示，输入完毕后单击"下一步"按钮。如果设置的密码不符合强密码要求，则会弹出建议用户使用强密码的提示，如图1-23所示。如果继续使用弱密码则单击"是"按钮，如果要重新输入一个符合密码规则的强密码则单击"否"按钮。

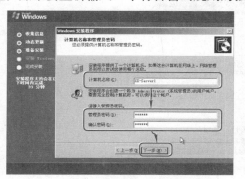

图1-22　设置计算机名称和管理员密码

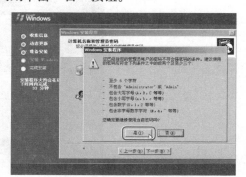

图1-23　密码复杂度检查

知识链接

强密码

　　Windows中的强密码是指密码在6个字符以上，并且不含"Administrator"和"Admin"的密码，强密码除了满足这两个条件外，还要有大写字母、小写字母、数字、特殊字符等其中的3项。

经验分享

如何输入便于记忆的强密码

　　为了便于维护，建议在服务器上启用Administrator用户并设置相应的密码，密码尽可能采用强密码机制，在Windows Server 2008及后续产品中，默认必须为管理员用户设置强密码，可设置为"xk123$%^"（不含引号）作为密码，"$%^"是按住<Shift>键后按主键盘区的<4>、<5>、<6>键输入的，既满足复杂度要求，又便于记忆。

　　6）在"日期和时间设置"对话框中设置当前的日期和时间，如图1-24所示。Windows安装程序默认会读取服务器BIOS中的时间设置，此处按需更改，更改完毕后单击"下一步"按钮。

　　7）Windows安装程序继续进行系统设置，直到出现"网络设置"对话框，如图1-25所示。选择"典型设置"单选按钮（此时如需设置网络参数则选择"自定义设置"）完成基本网络设置和网络协议安装，然后单击"下一步"按钮。

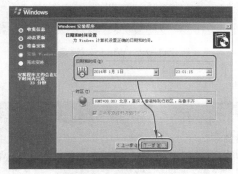

图1-24　日期和时间设置

图1-25　网络设置

8）在"工作组或计算机域"对话框中选择"不，此计算机不在网络上，或者在没有域的网络上。把此计算机作为下面工作组的一个成员"，如图1-26所示。如果不定义工作组和计算机域，则采用默认的工作组模式即可，然后单击"下一步"按钮。

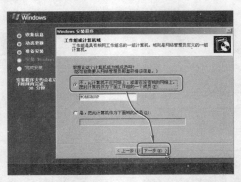

图1-26　工作组或计算机域

知识链接

工作组和计算机域

　　工作组是一个对等的结构，每台计算机拥有独立的登录管理。计算机域是一个集中管理网络资源的组织形式，在本书的学习单元3中会进行详细介绍。

　　工作组是一个局域网内计算机的逻辑分组，用户可以自行更改所在的工作组。例如，一个企业有500台计算机，将这些计算机在"网上邻居"中全部列出显然不易于用户查看，如果分成了"财务""工程"等工作组，则用户可以先查看对应的工作组，再查看工作组中的计算机，这样资源共享的效率会更高。

　　步骤7　登录Windows操作系统

　　Windows安装程序会继续复制文件，复制完成之后自动重新启动计算机，直到出现登录对话框，如图1-27所示。按<Ctrl+Alt+Delete>组合键，在弹出的对话框中输入用户名和密码，如图1-28所示。此处使用管理员账户Administrator登录，输入完毕后单击"确定"按钮。

图1-27　Windows登录提示

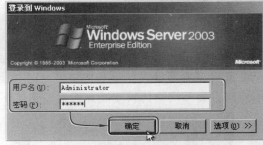

图1-28　Windows登录对话框

温馨提示

为何我登录的不是R2

　　如果安装的是Windows Server 2003，则此时安装完成。如果安装的是Windows Server 2003 R2，则还需运行第2张光盘中的安装程序，安装完成后登录窗口会显示"Windows Server 2003 R2 Enterprise Edition"。

步骤8 安装硬件驱动程序

使用服务器硬件所带驱动程序光盘安装硬件驱动程序。

步骤9 安装R2组件

1）第1张光盘中的内容安装完毕后，Windows安装程序会提示用户更换光盘，如图1-29所示。此时将第2张光盘放入光盘驱动器中，然后单击"确定"按钮。

2）在"欢迎使用Windows Server 2003 R2安装程序向导"对话框中单击"下一步"按钮，如图1-30所示。

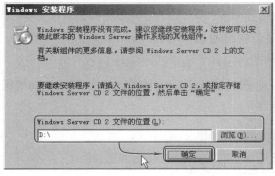

图1-29 更换光盘提示

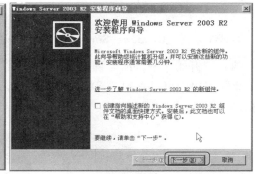

图1-30 Windows Server 2003 R2安装程序向导

3）在"最终用户许可协议"对话框中阅读许可协议，如图1-31所示，选择"我接受许可协议中的条款"单选按钮，然后单击"下一步"按钮。

4）在"安装程序摘要"对话框中单击"下一步"按钮，如图1-32所示。在"正在完成Windows Server 2003 R2安装程序"对话框中单击"完成"按钮，如图1-33所示。至此，即完成了在服务器上安装Windows Server 2003 R2的工作。

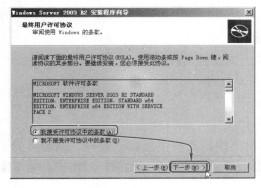

图1-31 许可协议

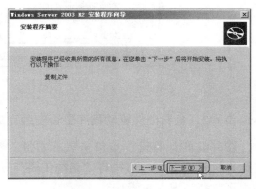

图1-32 安装程序摘要

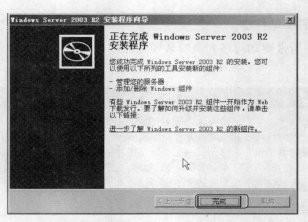

图1-33　Windows Server 2003 R2安装完成提示

 任务测试

步骤1　测试Windows Server 2003 R2是否安装成功

执行"开始"→"所有程序"→"附件"→"系统工具"→"系统信息"命令，在"系统信息"窗口中可以看到"系统摘要"信息，如图1-34所示。其中包含Windows Server的版本信息。

图1-34　Windows版本信息

步骤2　查看硬件驱动程序是否安装完成

在"我的计算机"上单击鼠标右键，在弹出的快捷菜单中选择"管理"命令，弹出"计算机管理"窗口后执行"系统工具"→"设备管理器"命令，如图1-35所示。查看驱动程序安装情况，见表1-3。

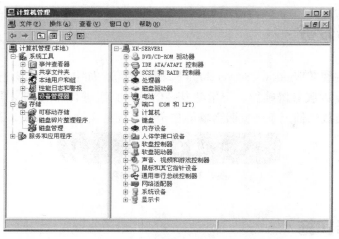

图1-35　设备管理器列表

表1-3　驱动程序状态对照

状态显示示例	状态特点	驱动程序安装情况
Realtek RTL8139/810x Family Fast Ethernet NIC	正常图标	驱动程序正常
Realtek RTL8139/810x Family Fast Ethernet NIC	黄叹号	驱动程序不兼容或不能正常工作
多媒体音频控制器	黄问号	该硬件未安装驱动程序

 任务拓展

实践

使用"Windows Update"或第三方软件，为服务器Windows Server 2003 R2操作系统进行系统更新。

思考

如果在系统安装过程中，只对一个500GB的磁盘划分了C盘，C盘大小为100GB，剩余的磁盘空间是否可以在Windows Server 2003 R2操作系统中再进行划分？应该如何操作？

任务3　加电测试，记录服务器硬件信息

 任务描述

对安装完操作系统的服务器进行加电测试，记录服务器的关键硬件信息，使用压力测试软件对服务器的稳定性进行初步测试。

任务分析

服务器已经安装了Windows Server 2003 R2操作系统。加电测试工作分两步进行：首先使用硬件检测软件测试服务器硬件，记录型号等信息；其次进行24h开机对服务器进行压力测试，在服务器多负载的情况下考察服务器的稳定性，任务实施流程如图1-36所示。

记录服务器硬件信息 ➡ 测试系统稳定性

图1-36 任务实施流程

任务实施

步骤1 记录服务器硬件信息

使用硬件检测软件测试并记录服务器的主要硬件信息，如CPU、内存、硬盘等信息，如图1-37所示（本任务以测试软件AIDA64为例）。记录测试结果，与服务器装箱清单进行2次核对。

图1-37 使用软件检测硬件信息

经验分享

如何获得AIDA64

AIDA64 Extreme Edition（原EVEREST Ultimate Edition）是一款强大的硬件检测软件，主要用来检测硬件信息。支持的硬件型号较为全面，并可将结果导出为HTML网页格式，方便查看和汇总，可到http://www.aida64.com/downloads/aida64extreme400exe下载并安装。

步骤2 测试系统稳定性

系统的稳定性主要由CPU和内存决定，其他硬件产生的问题也会对系统稳定性产生影响，因此，加电测试工作主要针对CPU和内存进行压力测试，其他稳定性问题需要在使用过程中逐渐发现并记录。在加电测试过程中，需要对CPU和内存进行高负载操作（连续向内存中写入大量数据），使用软件进行压力测试（以ORTHOS为例），如图1-38所示。建议高负载时间不少于24h。

图1-38　对CPU和内存进行压力测试

 任务拓展

实践

下载并运行AIDA64，在系统空闲状态下查看并记录各个部件的温度情况。运行ORTHOS对服务器进行1h的压力测试，再查看并记录各个部件的温度情况，计算差值。

思考

服务器性能指标中的"支持两路CPU"是否说明服务器中安装了两颗CPU？在不打开服务器机箱的情况下如何进行检测？

项 目 总 结

在本项目中学习了服务器与个人计算机的区别，服务器机箱结构的塔式、机架式、刀片式3种类型，以及密码复杂度的相关知识。

服务器选型时依据企业环境选择：塔式服务器适用于小型企业；机架式服务器适用于具有设备机架的集中部署环境；刀片式服务器则适用于密集型部署环境。

在预算范围内选购服务器时，除考虑硬件投入外，还要考虑软件的投入与授权成本，购买和使用正版软件，验收时要细致认真以明确责任。

项目知识自测

1）下列哪些是按机箱结构划分的服务器类型？（选3项）

　　A．塔式服务器　　　　　　　　B．联想服务器

　　C．机架式服务器　　　　　　　D．刀片式服务器

2）以下哪些是磁盘文件系统？（选3项）

　　A．CDFS　　　　　　　　　　 B．NTFS

　　C．FAT32　　　　　　　　　　D．FAT0

3）Windows Server 2003按企业规模定位推出了哪些版本？（选4项）

　　A．标准版　　　　　　　　　　B．企业版

　　C．专业版　　　　　　　　　　D．数据中心版

　　E．Web版

4）以下密码符合Windows Server 2003默认的强密码要求的是？

　　A．123456　　　　　　　　　　B．xingkong

　　C．Bja5%　　　　　　　　　　 D．xingkong12#$

5）以下可以测试并显示服务器硬件参数的软件是？

　　A．Office 2010　　　　　　　　B．AIDA64

　　C．QQ　　　　　　　　　　　　D．WinRAR

项目2　解决网络内部 IP地址分配问题

项目描述

　　星空公司有20台个人计算机，通过一台二层交换机连接到公司的局域网中。该公司大多数员工不具备计算机网络知识，经常出现两台以上的计算机使用相同的IP地址的情况，其结果就是公司局域网中经常出现IP地址冲突。还有一些员工因自己配置的IP地址输入有误，造成计算机并不在公司的现有网段中。这些问题给员工访问网络资源造成不便，甚至影响了网络的正常使用。

　　总经理要求系统管理员利用已购买的Windows Server 2003服务器解决IP地址分配问题，减少员工个人对计算机的设置，要求使用简单方便、不易出错。

项目分析

星空公司所面临的IP地址分配问题，原因是缺乏统一的规划。该公司有20台个人计算机，2台服务器，设置计算机IP地址有2种方案，见表1-4。

表1-4 地址分配方案对比

比较要点＼方案	静态地址分配方案	DHCP动态地址分配方案
方案主要思路	在客户机上逐一进行IP地址配置	由DHCP服务器为客户机自动分配IP地址
需要服务器支持	否	是
管理员工作量	客户机越多，工作量越大	在一定范围内，客户机的增加不会影响管理员的工作量
用户易用性	需用手动设置，容易出错	设置成自动分配即可，配置简单
IP地址利用率	低，设置时需考虑IP地址是否被占用，所有人员需遵守统一的规划	高，由服务器自动分配，自动检测并跳过已用IP地址
IP地址冲突概率	高	低
适用环境	计算机数量较少或员工具备一定网络基础知识的小型网络中	计算机数量较多的网络环境或员工计算机水平较低的工作环境

如果员工手动设置的静态IP地址正确且不与其他计算机的IP地址重复，则网络中不会出现IP地址冲突。考虑到员工的计算机水平和网络的易用性、可管理性，需要使用动态IP地址分配方案，由DHCP服务器给用户计算机自动分配IP地址，星空公司适宜采用动态地址分配方案，其项目实施流程如图1-39所示。项目实施拓扑结构如图1-40所示。

图1-39 项目实施流程

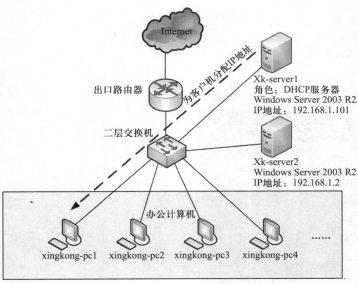

图1-40 项目实施拓扑结构

经验分享

哪些单位适合采用DHCP方案

大部分局域网中都在使用DHCP来分配IP地址，包括企业内部网络、学校机房、网吧、餐厅、机场、家庭的有线和无线网络环境。值得注意的是，政府和电信运营商逐渐提供免费的WiFi上网，都是通过DHCP为移动设备接入互联网分配IP地址的。

任务1　安装、配置DHCP服务器实现内网IP地址自动分配（配微课）

任务描述

　　星空公司的20台个人计算机若要自动获取IP地址，须在公司的一台服务器上实现IP地址的自动分配，该服务器的计算机名为xk-server1，IP地址为192.168.1.101，已经安装了Windows Server 2003 R2操作系统，另外一台服务器留作其他用途。

任务分析

　　目前，星空公司的局域网使用的192.168.1.0/24是一个C类IP地址段，有254个可用IP地址，不但能够满足20台个人计算机的需要，也为今后一段时间内计算机数量的增加做了准备。

　　服务器上安装的Windows Server 2003 R2中带有DHCP服务组件，可以通过"管理您的服务器"以向导形式进行安装和配置，也可以在"控制面板"中通过"添加/删除Windows组件"来完成安装。安装完成后，在DHCP管理工具中进行配置，建立DHCP作用域，配置地址池、租约、作用域选项等参数后，即可满足基本的IP地址自动分配需求。

知识链接

什么是DHCP

　　DHCP（Dynamic Host Configuration Protocol，动态主机配置协议）用于服务器向客户端动态分配 IP 地址信息，包括IP地址、子网掩码、默认网关地址、DNS服务器地址等，是TCP/IP中应用最广泛的协议之一。所有的 IP 网络设定数据都由 DHCP 服务器端集中管理，并负责处理客户端的 DHCP 请求。 DHCP服务器端使用UDP 67端口、客户端使用UDP 68端口进行通信。

任务实施

扫码看微课

步骤1　安装DHCP服务器组件

1）执行"开始"→"管理您的服务器"命令，如图1-41所示。

图1-41　执行"管理您的服务器"命令

2）在"管理您的服务器"窗口中，单击"添加角色到您的服务器"内容区域中的"添加或删除角色"链接，如图1-42所示。在弹出的"配置您的服务器向导"的"预备步骤"对话框中检查预备步骤，确认无误后单击"下一步"按钮，如图1-43所示。配置向导会检查前期配置，如图1-44所示。此过程需要一定的时间，耐心等待即可。

图1-42 "管理您的服务器"窗口

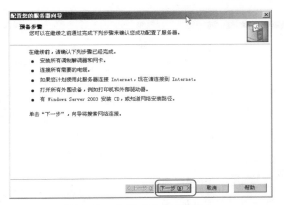

图1-43 安装必备条件提示　　　　　　图1-44 安装必备条件检查

3）在"配置选项"对话框中，选择"自定义配置"单选按钮，然后单击"下一步"按钮，如图1-45所示。

4）在"服务器角色"对话框中，选中"DHCP服务器"，单击"下一步"按钮，如图1-46所示。

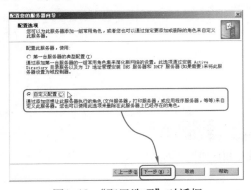

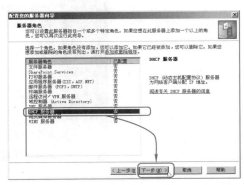

图1-45 "配置选项"对话框　　　　　　图1-46 "服务器角色"对话框

 知识链接

什么是服务器角色

服务器角色，是说明服务器在网络内所执行的主要功能，如完成自动分配和管理使用"DHCP服务器"，完成打印机共享使用"打印服务器"等。

温馨提示

为何使用"管理您的服务器"

"管理您的服务器"是Windows Server 2003系列操作系统中服务器角色控制台的集合,它能实现大多数服务的"管理工具"以向导方式一站式安装、配置、管理。在Windows Server 2008及后续的操作系统版本中,"管理您的服务器"已经更名为"服务器管理器"。

5)在"选择总结"对话框中,查看DHCP服务器所涉及的操作,如图1-47所示。可以看到除了安装DHCP组件外,此向导还会进行后续的配置步骤,查看完毕后单击"下一步"按钮,向导会完成组件的安装。

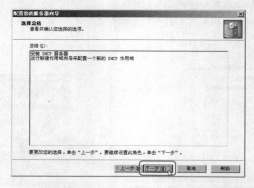

图1-47 "选择总结"对话框

步骤2 使用"新建作用域"向导配置DHCP服务器

1)在"欢迎使用新建作用域向导"对话框中,单击"下一步"按钮,如图1-48所示。

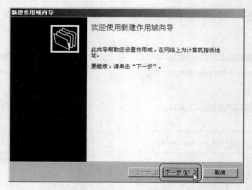

图1-48 "欢迎使用新建作用域向导"对话框

知识链接

什么是DHCP作用域

DHCP作用域,是DHCP服务器提供IP地址信息及其他参数(默认网关地址、DNS服务器地址等)的逻辑分组。在一个广播域内,通常只需一个作用域。大多数企业是按VLAN划分作用域的,即每个VLAN使用一个单独的作用域,由于DHCP使用广播包,在大型网络中如需使用DHCP进行跨网段的IP地址分配,需要在三层设备上开启DHCP Relay(中继代理)功能。

2）在"作用域名"对话框中，依据实际情况在"名称"文本框中输入"XINGKONG-DHCP-ZONE"，在"描述"后的文本框中输入"星空公司DHCP作用域"，然后单击"下一步"按钮，如图1-49所示。

3）在"IP地址范围"对话框中，根据星空公司现有网段输入"起始IP地址"为"192.168.1.1"，"结束IP地址"为"192.168.1.254"。"子网掩码"为"255.255.255.0"或直接输入子网掩码的"长度"，输入完毕后单击"下一步"按钮，如图1-50所示。

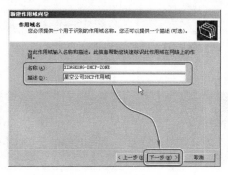
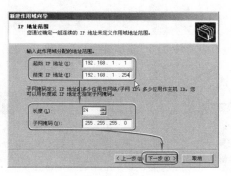

图1-49 "作用域名"对话框　　　　　图1-50 "IP地址范围"对话框

经验分享

为何要设置DHCP作用域名称

　　网络参数设置中"名称""描述"极为重要。有些管理员在工作中没有注意这些命名、描述等信息的填写，往往将侧重点放在具体参数的设置上，这样的设置是不规范的，不但管理员自己容易忘记，也给工作交接造成困难，命名等信息必须引起管理员的重视。此处为DHCP作用域规范命名就是出于上述原因。

知识链接

什么是IP地址范围

　　DHCP作用域中的"IP地址范围"是指分配给客户机使用的IP地址的起始范围，这个范围要根据网络的实际情况进行设置，只有在范围内的IP地址才能通过DHCP服务器分配给客户机。

温馨提示

DHCP服务器的不足

　　如果一个网络中有多台DHCP服务器，这些服务器之间不能查找出那些已被分发出去的IP地址，这个问题已经在Windows Server 2012支持的DHCP故障转移群集中得到解决。

4）在"添加排除"对话框中输入（在IP地址范围中）不分配的地址范围，在"起始IP地址"文本框中输入网关IP地址"192.168.1.254"，单击"添加"按钮，如图1-51所示。被排除的IP地址会出现在"排除的地址范围"文本框中，然后单击"下一步"按钮，如图1-52所示。

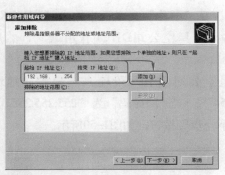

图1-51 "添加排除"对话框

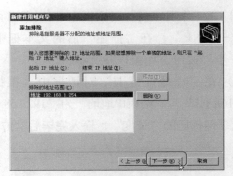

图1-52 已经添加排除的地址

温馨提示

如何排除单个IP地址

　　如果只有一个IP地址，则无需输入"结束IP地址"，在"添加排除"对话框的"起始IP地址"下的文本框里输入要排除的IP地址即可。

经验分享

"IP地址范围"和"排除"的使用技巧

　　在配置DHCP作用域相关参数中，需要注意一些特殊的IP地址，如默认网关地址、服务器固定IP地址等。这些地址一旦通过DHCP分配给某一客户机，就会造成IP地址冲突。解决这一问题可以通过缩小IP地址范围和排除IP地址两种方法。调整IP地址范围适合处于边缘的IP地址，而"排除"适用于在IP地址范围内某一个区间段。例如，为在10.1.1.0/24网络中不分配网关10.1.1.1，可以通过调节IP地址范围为10.1.1.2～10.1.1.254来完成，也可以通过排除10.1.1.1来完成。但如果不分配其中的10.1.1.101~10.1.1.110这一区间的地址，则无法再通过调整IP地址范围，只能通过"排除"来实现。

　　5）在"租约期限"对话框中，输入给用户分配IP地址的使用期限，3个参数分别为"天""小时""分钟"，输入完毕后单击"下一步"按钮，如图1-53所示。

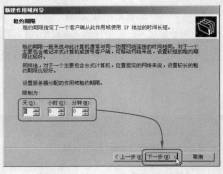

图1-53 "租约期限"对话框

经验分享

如何合理设置租约期限

　　租约期限是指客户机使用某一作用域所分配IP地址的时间。有线网络中的计算机使用较为固定，租约期限宜设置为8天。无线网络中的设备一般是笔记本计算机、掌上计算机、手机等，这些设备移动性较强，租约期限宜设置为1天。

6）在"配置DHCP选项"对话框中，选择"是，我想现在配置这些选项"单选按钮，然后单击"下一步"按钮，如图1-54所示。

7）在"路由器（默认网关）"对话框中，输入默认网关的IP地址，单击"添加"按钮，如图1-55所示。添加后的网关地址会显示在列表中，然后单击"下一步"按钮。

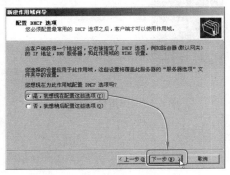
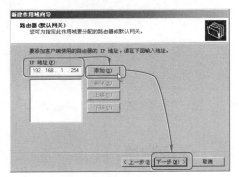

图1-54 "配置DHCP选项"对话框　　　图1-55 "路由器（默认网关）"对话框

知识链接

什么是DHCP选项

DHCP选项，是指客户端获得IP地址的同时，能获得的除IP地址和子网掩码外的其他信息，包括默认网关地址、DNS服务器地址等。DHCP选项包括"作用域选项"和"服务器选项"，"作用域选项"只对所在的单个作用域生效，不同作用域要分别设置。"服务器选项"则对服务器上的所有作用域生效，适用于多个作用域拥有共同参数的情况。某一作用域的"作用域选项"和"服务器选项"参数不同时，以"作用域选项"为准。

8）在"域名称和DNS服务器"对话框中，输入DNS服务器的IP地址，然后单击"添加"按钮，如图1-56所示。输入完毕后，DNS服务器地址会在列表中显示，然后单击"下一步"按钮。

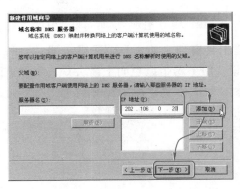

图1-56 "域名称和DNS服务器"对话框

经验分享

DNS服务器IP地址如何设置

建议将公司内部DNS服务器地址设置为客户机的首选DNS服务器。如果公司没有此服务器，则应填入所在地区的公用DNS服务器地址。如北京市公用的DNS服务器IP地址有202.106.0.20、202.106.196.115等。

9）在"激活作用域"对话框中选择"是，我想现在激活此作用域"单选按钮，如图1-57所示。然后单击"下一步"按钮。至此，作用域创建完成，DHCP服务器便可以为客户机分配IP地址，单击"完成"按钮即可，如图1-58所示。

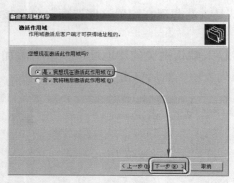

图1-57 "激活作用域"对话框

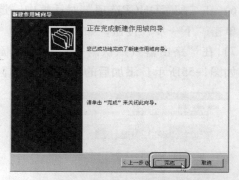

图1-58 作用域创建完成

 任务测试

步骤1 查看DHCP服务器运行情况

1）执行"开始"→"管理您的服务器"命令，然后单击"管理此DHCP服务器"链接，如图1-59所示。

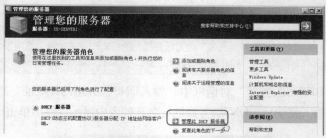

图1-59 "管理您的服务器"窗口

2）在"DHCP"管理工具窗口，查看DHCP服务器"xk-server1"的运行状态，如图1-60所示。可看到 标记（服务器带绿色向上箭头），表示该DHCP服务器正在运行。

图1-60 "DHCP"管理工具窗口

3）执行"开始"→"运行"命令，输入"cmd"进入"命令提示符"窗口，如图1-61所示。输入端口查看命令"netstat-an"查看服务器所有开放端口状态，可看到

"UDP 192.168.1.101:67"是开放的。通过"服务"和"端口"两个方面查看，表明DHCP服务器正在运行。

图1-61　查看端口连接情况

知识链接

netstat命令查看网络连接

　　netstat命令的功能是显示网络连接、路由表和网络接口信息，可让用户得知有哪些网络连接正在运行。一般用netstat -an 来显示所有连接的端口，并用数字表示。使用时如果不带参数，则netstat只显示活动的TCP连接。

步骤2　在客户端查看IP地址获得情况

　　1）设置客户端自动获得IP地址。在客户机（以Windows XP客户机为例）的桌面"网上邻居"上单击鼠标右键，在弹出的快捷菜单中选择"属性"命令。在弹出的"网络连接"窗口选择网卡，在"本地连接"上单击鼠标右键，在弹出的快捷菜单中选择"属性"命令，如图1-62所示。

　　2）在"本地连接属性"对话框中，单击选中"Internet 协议（TCP/IP）"，如图1-63所示。然后单击"属性"按钮。在弹出的"Internet 协议

图1-62　查看网卡属性

（TCP/IP）属性"对话框的"常规"选项卡中选择"自动获得IP地址"和"自动获得DNS服务器地址"单选按钮，然后单击"确定"按钮，如图1-64所示。

图1-63　"本地连接属性"对话框　　　　图1-64　"Internet 协议（TCP/IP）属性"对话框

3) 查看IP地址获得情况。双击"本地连接"，在弹出的"本地连接状态"对话框中的"支持"选项卡中可以看到当前网卡的连接状态和IP地址信息，如图1-65所示。如需进一步查看IP地址的详细信息，则单击"详细信息"按钮，在弹出的"网络连接详细信息"对话框中查看IP地址的租约期限和分配IP地址的DHCP服务器等信息，如图1-66所示。查看完毕单击"关闭"按钮。

图1-65 "本地连接状态"对话框

图1-66 "网络连接详细信息"对话框

 经验分享

如何查看所有网络连接详细信息

如果客户端有多个网卡，则可以在命令提示符中输入"ipconfig /all"来查看网络连接的详细信息。

步骤3 在服务器端查看IP地址分配情况

在"DHCP"管理工具窗口中，在窗口空白区域单击鼠标右键，在弹出的快捷菜单中选择"刷新"命令，如图1-67所示。可看到由这台DHCP服务器所分配出的IP地址信息，如图1-68所示。

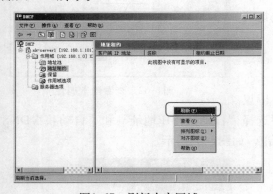

图1-67 刷新内容区域

图1-68 查看地址租约情况

 相关知识

DHCP工作过程

DHCP工作时，要求客户机和服务器能够进行通信，客户机通过发送广播包向服务器发起申请IP地址的请求，然后由服务器分配一个IP地址以及其他的TCP/IP设置信息。典型

过程可以分为以下4步：

1）IP地址租用申请（DHCP DISCOVER）广播包：DHCP客户机使用 UDP 68端口发送DHCP "发现"包，广播信息中包含客户机的硬件地址（MAC地址）和计算机名表明自身的身份。

2）IP地址租用提供（DHCP OFFER）广播包：当DHCP服务器收到客户机请求后，会向客户机发送一个包含所分配IP地址信息的 "提供"包。如果有多台DHCP服务器，则客户机会收到不同DHCP服务器发来的IP地址信息。

3）IP地址租用选择（DHCP REQUEST）广播包：客户机将选择第一个收到的DHCP服务器发来的IP地址，拒绝其余服务器提供的IP地址，并向它选择的DHCP服务器发送 "请求"包。

4）IP地址租用确认（DHCP ACK）广播包：被请求的DHCP服务器将收到客户的选择信息，回应一个 "确认"包，将这个IP地址真正分配给这个客户机。客户机就能使用这个IP地址信息来设置网络参数。

关于DHCP的更多介绍，请读者查看互联网工程任务组（Internet Engineering Task Force，IETF）的RFC 2131文档，网址为http://www.rfc-editor.org/info/rfc2131。

任务拓展

实践

某公司局域网使用的IP地址段为10.1.1.0/24的网段，网关地址为10.1.1.1，该公司没有自己的DNS服务器，需使用所在地区的公用DNS服务器8.8.8.8来解析上网，请为该公司配置一台DHCP服务器来实现IP地址自动分配。

思考

某公司8台计算机通过SOHO路由器上网，路由器有DHCP功能，分配的地址段为192.168.1.0/24。员工张某在自己的计算机上安装了Windows Server 2003操作系统，并配置成为了一台DHCP服务器，分配的地址段为172.16.1.0/24。在这种情况下，员工计算机能否获得IP地址，访问互联网是否会受到影响？为什么？

任务2　解决特定计算机IP地址分配需求

任务描述

星空公司的DHCP服务器已经配置完成，员工的计算机都已能够获得IP地址，公司准备在内部网络中逐渐加大服务器的投入和应用，未来仍有服务器的购买需求。这些服务器应使用固定IP地址，被服务器占用的IP地址将不再分配给其他客户机。此外，公司有一台作为产品测试用的计算机xingkong-pc2，经常因测试需要而重新安装操作系统，为了初始化测试环境，需要给这台计算机分配一个不变的IP地址。

任务分析

解决星空公司服务器固定IP地址的问题，需在DHCP作用域中使用"排除"实现。测试用计算机也可以设置固定的IP地址，但重新安装操作系统后仍需重新设置，最佳方法是在DHCP服务器上进行"保留"，不管客户机重新安装了多少次操作系统DHCP服务器都会在数据库中记录这台计算机的MAC地址与分配的IP地址。

任务实施

步骤1　添加排除地址范围

1）执行"开始"→"管理您的服务器"→"管理此DHCP服务器"命令。在"DHCP"管理工具中依次展开"xk-server1"→"作用域 [192.168.1.0] XINGKONG-DHCP-ZONE"，在"地址池"上单击鼠标右键，在弹出的快捷菜单中选择"新建排除范围"命令，如图1-69所示。

2）在"添加排除"对话框中输入要排除的IP地址范围，如图1-70所示。如果给服务器用的IP地址是192.168.1.1~192.168.1.10、192.168.1.101~192.168.1.110这两个地址区间，则在"起始IP地址"后的文本框中输入"192.168.1.1"，"结束IP地址"后的文本框中输入"192.168.1.10"，然后单击"添加"按钮。用同样的方法排除192.168.1.101到192.168.1.110的地址范围。

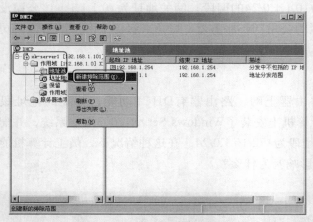

图1-69　新建排除范围

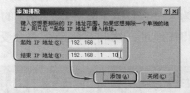

图1-70　添加排除范围

3）在"DHCP"管理工具的"地址池"内容区查看排除后的地址池情况，如图1-71所示。

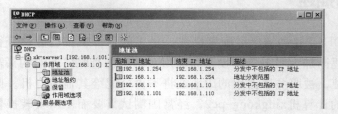

图1-71　排除后的地址池

步骤2　为计算机保留IP地址

1）在客户机（任务描述中提到的测试计算机）的命令提示符窗口中输入"ipconfig /all"，查看网卡的MAC地址，如图1-72所示。

2）在"DHCP"管理工具中依次展开"xk-server1" → "作用域 [192.168.1.0] XINGKONG-DHCP-ZONE"，在"保留"上单击鼠标右键，在弹出的快捷菜单中选择"新建保留"命令，如图1-73所示。

图1-72　查看客户机MAC地址　　　　图1-73　选择"新建保留"命令

3）在"新建保留"对话框中"保留名称"（要保留的计算机名）"IP地址""MAC地址""描述"后的文本框中输入相应的内容，如图1-74所示。然后单击"添加"按钮，添加完毕后可关闭"新建保留"对话框。

图1-74　输入要保留的IP地址和对应的MAC地址

步骤3　查看保留的IP地址的情况

1）查看保留地址分配情况。在"DHCP"管理工具中，展开"保留"，如图1-75所示。查看保留的IP地址和名称的对应情况。

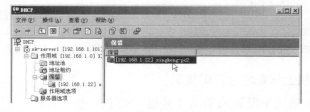

图1-75　查看保留地址分配情况

2）查看保留地址租约情况。在"DHCP"管理工具中，双击"地址租约"，可以看到保留的IP地址的"租约截止日期"标记为"保留（不活动的）"，如图1-76所示。这样，无论客户机是否重新安装操作系统或何时启动，DHCP将一直把这个IP地址分配给对应MAC地址的计算机。

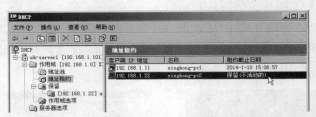

图1-76　输入要保留的IP地址和对应的MAC地址

任务测试

步骤1　在客户机上测试地址排除情况

由于服务器排除了192.168.1.1～192.168.1.10和192.168.1.101～192.168.1.110这两个地址区间，服务器就不再分配这些IP地址给客户机。如果不是保留的计算机，则第一个计算机获得的IP地址应是192.168.1.11。

1）打开客户机"xingkong-pc1"的"网络连接"窗口中，在"本地连接"上单击鼠标右键，在弹出的快捷菜单中选择"修复"命令，如图1-77所示。

2）在"修复本地连接"对话框中，出现"Windows完成修复您的连接……"提示信息，即表示修复完成，单击"关闭"按钮，如图1-78所示。

3）双击"本地连接"，在"本地连接状态"对话框的"支持"选项卡中可以看到客户机分配的地址已经跳过了"排除"的地址段，如图1-79所示。排除任务完成。

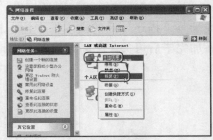

图1-77　修复网络连接

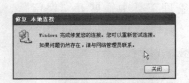

图1-78　修复网络连接完成　　　　图1-79　查看本地连接状态

步骤2　在客户机上保留地址分配情况

在客户机（任务描述中提到的测试计算机"xingkong-pc2"）上打开命令提示符，如图1-80所示。输入"ipconfig /release"释放计算机原有IP地址，再输入"ipconfig /renew"

重新获得IP地址，可看到此计算机已分配到保留的IP地址192.168.1.22。

图1-80　查看本地连接状态

相关知识

ipconfig命令及其常用参数, 见表1-5。

表1-5　ipconfig命令常用参数功能一览

命名及参数	功　　能
ipconfig /all	显示本机TCP/IP配置的详细信息
ipconfig /release	DHCP客户端手工释放IP地址
ipconfig /renew	DHCP客户端手工向服务器刷新请求
ipconfig /flushdns	清除本地DNS缓存内容
ipconfig /displaydns	显示本地DNS内容

趣图学知

使用DHCP分配IP地址，就如同停车场分配车位，如图1-81所示。停车场的所有车位可以看作是"地址池"；车辆购买的固定车位可看作是"保留"，此时对应牌照的汽车只能停在购买的车位；专用车位可以看作是"排除"，这些车位不对普通车辆出租，而是给一些环卫、救援等车辆停放，即使某一时间没有停放这些车辆，普通车辆也不能停在此车位。剩余的车位是按车位顺序分配给需要停放的车辆。

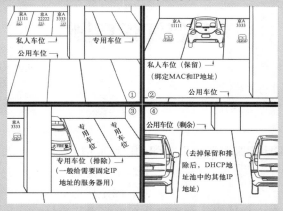

图1-81　DHCP分配地址与停车场景的类比

任务拓展

实践

为MAC地址为11-22-33-44-55-66且计算机名为wanghao的计算机保留192.168.1.188的IP地址。

思考

1）使用ipconfig /all查到的保留IP地址的租约是几天？

2）服务器应使用固定IP地址还是使用DHCP服务器保留的地址？为什么？

项目总结

在本项目中学习了DHCP的相关知识，包括DHCP作用域以及建立作用域设置的地址范围、租约期限、排除、保留、作用域选项等概念。此外，还学习了ipconfig命令、相关参数所实现的功能。

在网吧、学校机房、办公区内适合使用DHCP服务器来分配IP地址。配置DHCP服务器时，首先要安装DHCP服务器的组件，然后创建作用域，指定地址池，设置作用域中的选项信息。配置过程中，要在DHCP地址池中为固定IP地址的服务器建立"排除"，为需要不变IP地址的计算机建立"保留"，使DHCP服务器更加完善。

DHCP服务器虽然易用，但也有自身的不足。作用域选项设置错误会影响部分通过DHCP获得IP地址的计算机，在配置过程中要注意此问题，并按规范命名，工作做到细致认真。

项目知识自测

1）以下哪个不是DHCP服务器可以分配的IP地址信息？

    A．IP地址   B．子网掩码

    C．网关地址   D．固定IP地址

2）DHCP服务器和客户端默认使用哪两个端口进行通信？

A．服务器UDP67，客户端UDP69

B．服务器UDP67，客户端UDP68

C．服务器TCP67，客户端TCP68

D．服务器TCP67，客户端UDP68

3）以下IP地址排除设置正确的是哪些？（选2项）

A．在IP地址范围192.168.1.1～192.168.1.200中排除192.168.1.200～192.168.1.220

B．在IP地址范围192.168.1.1～192.168.1.200中排除172.16.1.1～172.16.1.2

C．在IP地址范围192.168.1.1～192.168.1.254中排除192.168.1.200～192.168.1.220

D．在IP地址范围10.1.1.100～10.1.1.200中排除10.1.1.100、10.1.1.110、10.1.1.210

E．在IP地址范围192.168.1.1～192.168.1.200中排除192.168.1.190～192.168.1.200

4）以下关于DHCP选项表述正确的是哪些？（选3项）

A．是指客户端获得IP地址的同时，能获得的除IP地址和子网掩码外的其他信息

B．DHCP选项包括默认网关地址、DNS服务器地址等

C．在Windows Server 2003自带的DHCP组件中，DHCP选项包括"作用域选项"和"服务器选项"两种

D．"作用域选项"对服务器上的所有作用域生效

5）以下哪些是DHCP分配IP地址所使用的数据包？（选4项）

A．DHCP DISCOVER   B．DHCP OFFER

C．DHCP REQUEST   D．Hello

E．DHCP ACK   F．BPDU

6）在应用上，DHCP有哪些不足？

A．不能为无线网络设备分配IP地址

B．DHCP服务器可以为特定的计算机保留IP地址

C．如果一个网络中有多台DHCP服务器，则这些服务器之间不能查找出那些已被分发出去的IP地址

7）在命令提示符窗口下输入"ipconfig /release"所实现的功能是什么？

A．显示本机TCP/IP配置的详细信息

B．在DHCP客户端手工释放IP地址

C．在DHCP客户端手工向服务器刷新请求

D．清空本地DNS缓存

8）在命令提示符窗口下输入"ipconfig /all"所实现的功能是什么？

A．显示本机TCP/IP配置的详细信息

B．在DHCP客户端手工释放IP地址

C．在DHCP客户端手工向服务器刷新请求

D．清空本地DNS缓存

9）在命令提示符窗口下输入"ipconfig /renew"所实现的功能是什么？

A．显示本机TCP/IP配置的详细信息

B．在DHCP客户端手工释放IP地址

C．在DHCP客户端手工向服务器刷新请求

D．清空本地DNS缓存

10）在一个地址范围是192.168.2.0/24的DHCP作用域中，可以作为DHCP保留的操作有哪些？（选2项）

A．为MAC地址为00-00-00-00-00-00的计算机保留IP地址192.168.2.5

B．为MAC地址为00-5E-3C-11-22-33的计算机保留IP地址192.168.2.5

C．为MAC地址为00-5E-3C-11-22-33的计算机保留IP地址192.168.2.256

D．为MAC地址为00-5E-3C-11-22-44的计算机保留IP地址192.168.2.6

项目3　实现文件共享

项目描述

星空公司的网络中已应用DHCP服务器解决了地址分配问题，体验到了使用服务器带来的便捷。随着业务量的扩大，员工间文件传输的需求也正在逐步增加。目前总经理主要使用群发电子邮件的方式向员工分发文件，遇到大文件就会使用U盘来逐一复制。现有的情况中，使用电子邮件需要占用宝贵的网络出口带宽，使用U盘容易感染病毒，这两种方法使用起来既不方便也不安全，公司急需解决这一问题。

项目分析

星空公司面临的是文件共享问题。能够实现文件共享的服务器有多种，主要分为内网共享型和外网共享型。目前星空公司的共享属于内网需求，可将现有服务器配置成为（基于SMB/CIFS的）文件服务器，为有文件共享需求的员工建立用户账户，并设置相应权限来解决需求。其项目实施流程如图1-82所示，项目实施拓扑结构如图1-83所示。

图1-82　项目实施流程

知识链接

什么是SMB与CIFS协议

SMB（Server Message Block，服务器信息块）是微软和英特尔公司在1987年制定的，是一种主要用于微软系统间实现文件或打印共享的通信协议。SMB基于NetBIOS协议建立，微软为了将该协议进行推广，对其重新整理并推出了CIFS（Common Internet File System，通用互联网文件系统）协议。由于SMB协议不断被扩展，工作中一般不再区分NetBIOS、SMB和CIFS。

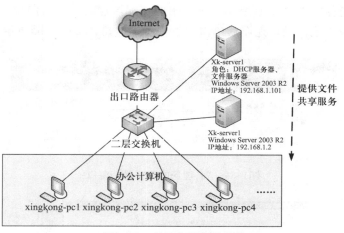

图1-83   项目实施拓扑结构

任务1   安装、配置文件服务器实现文件共享

 任务描述

星空公司文件共享需求增加，原有方式已不能满足现在的需要。公司决定充分利用两台服务器，其中一台只运行了DHCP服务，还有利用空间。利用这台服务器解决内部文件共享需求迫在眉睫。文件服务器要有合理的访问权限，要求只能让总经理等公司领导能够上传、下载文件，其他部门（销售部、技术部）的员工只能查看和下载文件。

 任务分析

星空公司面临的是文件共享问题，可以将现有的DHCP服务器同时配置成为文件服务器。通过Windows Server 2003自带的"文件服务器"角色就可以解决这一问题。要配置文件服务器，除安装相应的组件外，还必须为有文件共享需求的员工建立用户账户和共享目录，并对共享目录设置合理的共享和NTFS权限。

在创建用户和设置访问权限时，要考虑访问文件服务器两种不同类型的权限需要，一种是要利用"写入"权限来上传文件，另一种是需要"读取"权限来下载。

 任务实施

步骤1   添加"文件服务器"角色

1）打开"管理您的服务器"窗口，单击"管理您的服务器角色"内容区域中的"添

 加或删除角色"链接，如图1-84所示。在弹出的"配置您的服务器向导"的"预备步骤"对话框中检查预备步骤，确认无误后单击"下一步"按钮，如图1-85所示。

图1-84 "管理您的服务器"窗口

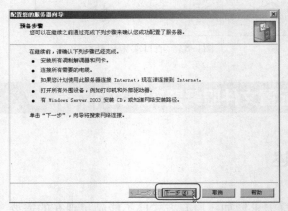

图1-85 安装必备条件提示

2）在"服务器角色"对话框中选中"文件服务器"，如图1-86所示。单击"下一步"按钮，在"选择总结"对话框中查看服务器要安装的组件，如图1-87所示。单击"下一步"按钮。

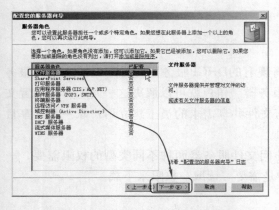

图1-86 选择要安装的服务器角色

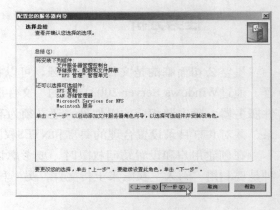

图1-87 查看安装组件列表

3）在"欢迎使用添加文件服务器角色向导"对话框中单击"下一步"按钮来启动安装向导，如图1-88所示。

4）在"文件服务器环境"对话框中按需选择可选组件，如图1-89所示。若只需最基本的文件共享功能则直接单击"下一步"按钮。然后等待组件安装，如图1-90所示。

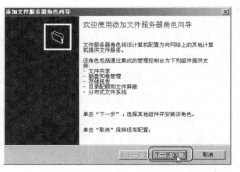

图1-88　启动添加角色向导

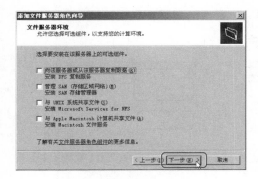

图1-89　选择组件

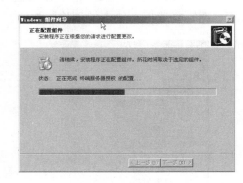

图1-90　组件正在安装

　　5）当出现"此服务器现在是一个文件服务器"对话框时表明添加文件服务器角色完成，单击"完成"按钮，如图1-91所示。

　　6）文件服务器需要使用SMB协议的TCP 139端口、CIFS协议的TCP 445端口，NBT协议的UPD 137、138端口，在服务器的"命令提示符"下输入"netstat -an"查看，如图1-92所示。

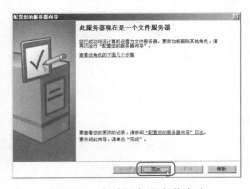

图1-91　文件服务器安装完成

图1-92　文件服务器涉及端口开放情况

步骤2 创建用户账户

1）在桌面"我的电脑"上单击鼠标右键，在弹出的快捷菜单中选择"管理"命令，如图1-93所示。

2）在"计算机管理"窗口中，依次展开"系统工具"→"本地用户和组"，在"用户"上单击鼠标右键，在弹出的快捷菜单中选择"新用户"命令，如图1-94所示。

3）在"新用户"对话框中的"用户名""全名""描述"文本框中输入相应的信息，如图1-95所示。在"密码""确认密码"文本框中分别输入相同的密码。选中"用户不能更改密码""密码永不过期"复选框，单击"创建"按钮。

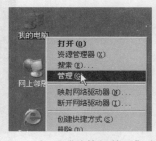

图1-93 打开"计算机管理"窗口

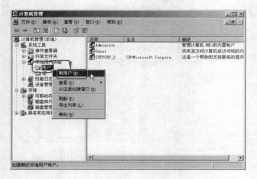

图1-94 新建用户

图1-95 输入用户信息

经验分享

优先采用英文作为用户名

虽然Windows操作系统支持中文用户名，但仍有许多操作系统和应用程序不支持中文或中文用户名，为了便于其他操作系统的用户使用，用户名使用英文或汉语拼音，尽量不加空格。

4）查看用户隶属组。在用户"hanlifan"上单击鼠标右键，在弹出的快捷菜单中选择"属性"命令，如图1-96所示。在"hanlifan 属性"对话框的"隶属于"选项卡中可看到该用户默认隶属于"Users"组，如图1-97所示。此处暂不调整用户隶属组，单击"确定"按钮关闭对话框。

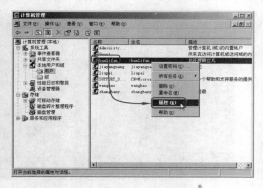

图1-96 查看用户属性

图1-97 查看用户隶属组

步骤3　创建组并将用户加入到组

1）在"计算机管理"窗口中，依次展开"系统工具"→"本地用户和组"，在"组"上单击鼠标右键，在弹出的快捷菜单中选择"新建组"命令，如图1-98所示。

2）在"新建组"对话框中的"用户名""描述"文本框中输入相应信息，如图1-99所示。此时"成员"列表为空，表明该组暂无成员，单击"添加"按钮将用户加入组。

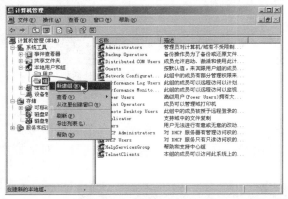

图1-98　新建组

图1-99　输入组信息

3）在弹出的"选择用户"对话框中单击"高级"按钮进行用户选择，如图1-100所示。在展开的对话框的"搜索结果"列表中选择加入组的用户，如图1-101所示。然后单击"确定"按钮。选择完毕后，在"输入对象名称来选择"文本框中可看到将要加入"公司领导"组的用户，如图1-102所示。然后单击"确定"按钮，返回到"新建组"对话框，如图1-103所示。如果不再添加用户则单击"创建"按钮来完成组的创建和成员选择。

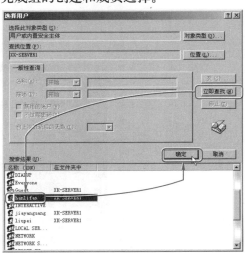

图1-100　使用"高级"模式

图1-101　选择用户

经验分享

如何应用组

"组"是管理用户的逻辑单位，也是Windows策略的作用对象，对用户进行合理分组可以快速地进行策略和权限的更改。"组"可以包含另外一个"组"，一个"用户"可以隶属于多个组。在向某一个组添加成员时，尽可能用选取而不是输入的操作方式，以防因输入错误引发不便。

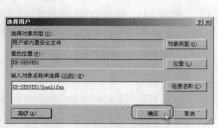

图1-102　组成员列表

图1-103　"新建组"对话框

步骤4　添加共享文件夹

1）启动向导。打开"管理您的服务器"窗口，如图1-104所示。在"文件服务器"内容区域单击"添加共享文件夹"链接。在弹出的"欢迎使用共享文件夹向导"对话框中单击"下一步"按钮，如图1-105所示。

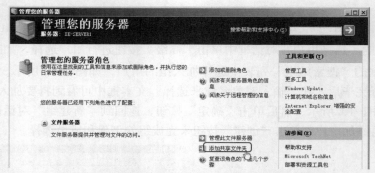

图1-104　使用"管理您的服务器"添加共享文件夹

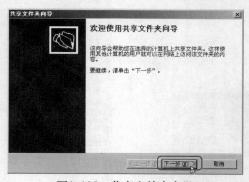

图1-105　共享文件夹向导

2）设置共享文件夹路径。在"文件夹路径"对话框中选择要进行共享的文件夹路径，如图1-106所示。可单击"浏览"按钮进行选择。在"浏览文件夹"对话框中选择要共享的文件夹，然后单击"确定"按钮，如图1-107所示。该文件夹的完整路径将出现在"文件夹路径"对话框中，如图1-108所示。然后单击"下一步"按钮。

3）设置共享文件夹信息。在"名称、描述和设置"对话框中，"共享名"默认使用文件夹名，可按需更改，如图1-109所示。"描述"文本框中可输入针对共享文件的一些功能描述信息，输入完毕后单击"下一步"按钮。

图1-106　选择共享文件夹路径　　　　　图1-107　浏览文件夹

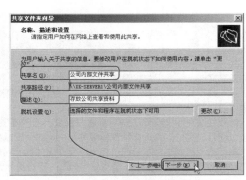

图1-108　查看完成路径　　　　　图1-109　设置共享文件夹信息

4）删除默认Everyone权限。

在"权限"对话框中可以看到系统提供的3种权限组合，"所有用户有只读访问权限"适合内部下载服务器使用，"管理员有完全访问权限；其他用户有只读访问权限"适合有管理员维护的内部下载服务器使用；"管理员有完全访问权限；其他用户有读写访问权限"适合有管理员维护且用户有上传、下载需求的文件服务器使用。这3种权限组合的"所有用户"和"其他用户"都是匹配系统的"Everyone"组，开放权限过大。

在星空公司的需求中，只允许总经理用户"hanlifan"能够上传、下载文件，其他部门的用户只能下载文件。这种情况，需要在"权限"对话框中单击"自定义"按钮进行自定义共享权限设置，如图1-110所示。在"自定义权限"对话框中选中"Everyone"组，如图1-111所示。单击"删除"按钮删除对所有用户的共享权限。

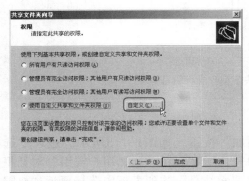

图1-110　选用"自定义"权限1

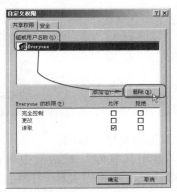

图1-111　选用"自定义"权限2

经验分享

慎用Guest和Everyone

在服务器Guest用户启用的情况下，客户端的当前账户与服务器内置账户用户名、密码不一致就会被匹配成Guest，不会出现任何共享访问的登录窗口。

Everyone是服务器系统建立的任意账户，要求客户端访问文件服务器时输入的用户名、密码必须是服务器上已有的账户，否则无法通过验证。常用在整个公司员工都有用户账户且都需要访问服务器的情况。

如果Guest用户被启用，在服务器上没有用户账户的客户端连接到文件服务器时，会自动利用Guest账户连接，Guest默认也隶属于Everyone组，也将具备Everyone所拥有的权限，给Everyone组指派权限时要尤为注意。非必要时不启用Guest用户，不为文件夹设置Everyone的访问权限。

趣图学知

某一文件夹是否开启了Guest账户权限及其匹配客户端用户名的顺序类似于开会的情境，如图1-112所示。服务器端共享文件夹检测用户权限就如同保安或会务组织人员检测参会者的身份。

某一共享文件夹开放Guest账户权限，类似于保安将所有的参会人员都匹配成来宾，不再核实具体身份，都可以进入会议室。

如果共享文件夹没有开放Guest账户权限，但开放了某几个特定用户和Everyone组的权限，则类似于要核实用户身份以便分配座位。有具体共享权限的用户犹如保安或会务组织人员允许进入会场的同时告诉几位经理的具体座位，剩下的人员如果是本公司（相当于文件服务器）名册上的员工就可以进入会场，坐在Everyone区域的位置上，没有账户的客户端就相当于不是本公司员工，不可进入会场。

图1-112　共享用户身份验证

5）添加指定用户权限。

在"自定义权限"对话框中单击"添加"按钮，如图1-113所示。进入"选择用户或组"对话框，单击"高级"按钮，如图1-114所示。在"选择用户或组"对话框中单击"立即查找"按钮，如图1-115所示。在"搜索结果"的列表框中选择要添加权限的用户或组，此处选择"公司领导"组，然后单击"确定"按钮。返回"选择用户或组"对话框中后再单击"确定"按钮，如图1-116所示。

图1-113 添加权限

图1-114 使用高级模式选择用户和组

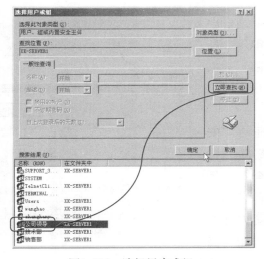

图1-115 选择用户或组

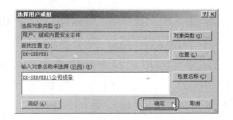

图1-116 查看选中的用户和组

在"自定义权限"对话框的"共享权限"选项卡中选中要操作的组，如图1-117所示，此处选择"公司领导"，然后在"公司领导的权限"列表框中选中"完全控制""更改""读取"3种权限的复选框。

 知识链接

3种共享权限有何不同

共享权限仅应用于通过网络访问服务器资源的用户，这些权限不会应用到本地登录用户中。

1）读取："读取"权限是分配给 Everyone 组的默认权限。"读取"权限允许查看文件名和子文件夹名、查看文件中的数据、运行程序文件。

2）更改："更改"权限不是任何组的默认权限。选中该权限，除允许所有的"读取"权限外，还允许添加文件和子文件夹、更改文件中的数据、删除子文件夹和文件。

3）完全控制："完全控制"权限是分配给本地计算机上的 Administrators 组的默认权限。"完全控制"权限除允许全部"读取"及"更改"权限外，还允许对NTFS权限进行更改。选中此权限则会自动选中"读取""更改"。

依据上述步骤，添加"销售部""技术部"的权限，只选中"读取"复选框，如图1-118所示。

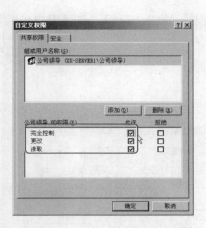

图1-117 选择共享权限

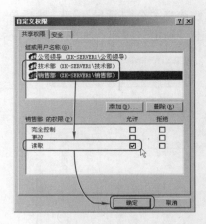

图1-118 添加"技术部""销售部"的权限

6）修改NTFS权限。

由于共享文件夹的NTFS权限是默认从驱动器中继承的Users组权限，为了防止某些用户使用Users身份登录服务器，要删除Users等组的NTFS权限，只保留Administrators组和访问共享文件夹的用户所在组的NTFS权限。

在"公司内部文件共享属性"对话框的"安全"选项卡中，选中"Users"，单击"删除"按钮，如图1-119所示。接下来会弹出"安全"对话框，提示Users用户权限是继承来的不能删除，如图1-120所示。单击"确定"按钮返回"公司内部文件共享属性"对话框（见图1-119），然后单击"高级"按钮。

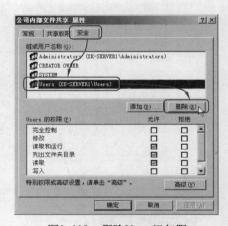

图1-119 删除Users组权限

图1-120 删除Users组权限错误提示

在"公司内部文件共享的高级安全设置"对话框中取消选定"允许父项的继承权限传播到该对象和所有子对象。包括那些在此明确定义的项目。"，如图1-121所示。在弹出的"安全"提示对话框中单击"删除"按钮，如图1-122所示。此时文件夹会删除创建者（此时是Administrators组）之外的所有权限（包括Users组的权限），如图1-123所示。

在"公司内部文件共享属性"对话框的"安全"选项卡中单击"添加"按钮，如图1-124所示。将"公司领导"组加入NTFS权限设置中。

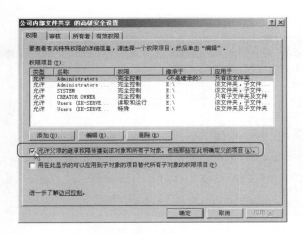

图1-121　取消继承关系

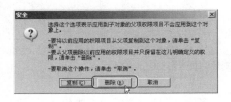

图1-122　删除继承权限

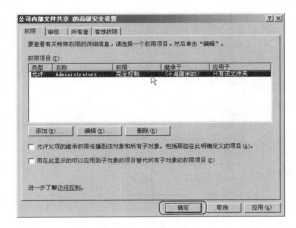

图1-123　剩余权限

　　添加"公司领导"组的NTFS权限，在"权限"内容区域将所有权限的"允许"复选框全部选中（在NTFS权限中，选中"完全控制"则会自动选中所有权限，不同的权限组合方式参见本任务"相关知识"内容），如图1-125所示，然后单击"确定"按钮。

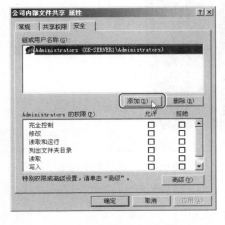

图1-124　添加NTFS权限

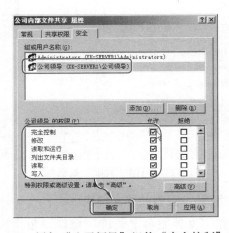

图1-125　添加"公司领导"组的"完全控制"权限

知识链接

Windows Server 2003中NTFS的7种权限

1）完全控制：对文件或者文件夹可执行所有操作。
2）修改：可以修改、删除文件或者文件夹。
3）读取和运行：可以读取内容，并且可以执行应用程序。
4）列出文件夹目录：可以列出文件夹内容，此权限只针对文件夹存在。
5）读取：可以读取文件或者文件夹的内容。
6）写入：可以创建文件或者文件夹。
7）特别的权限：其他不常用的权限，比如，删除其他用户权限的操作（其本身也是一种权限）。更改了作用对象的权限也会显示此提示。

添加"技术部""销售部"的读取权限（系统默认分配读取权限的组合），如图1-126所示，单击"确定"按钮。

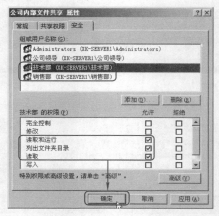

图1-126　添加"技术部""销售部"组的读取权限

7）共享权限和NTFS权限设置完成后，返回共享文件夹向导的"权限"对话框，单击"完成"按钮，如图1-127所示。弹出"共享成功"对话框表明共享文件夹已建立完成，单击"关闭"按钮，如图1-128所示。

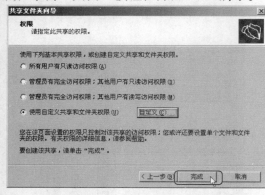

图1-127　返回"权限"对话框

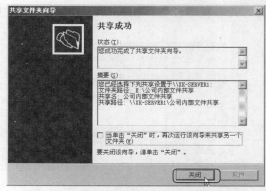

图1-128　共享文件夹建立完成

步骤5　查看共享文件夹

在"文件服务器管理"窗口，依次展开"共享文件夹管理（本地）"→"共享文件夹"，双击"共享"，在内容区域可看到已设置完成的共享文件夹，如图1-129所示。

图1-129　查看共享文件夹

任务测试

步骤1　写入权限用户测试

1）打开共享文件夹。

在客户机（以xingkong-pc1为例，此计算机安装了Windows XP操作系统）桌面上，双击"网上邻居"，如图1-130所示。

在"网上邻居"窗口单击"查看工作组计算机"链接，如图1-131所示。

图1-130　打开网上邻居

图1-131　单击"查看工作组计算机"链接

在工作组的"Workgroup"窗口中双击要访问的文件服务器"Xk-server1"图标，如图1-132所示。

图1-132　在工作组中选择文件服务器

在弹出的"连接到 Xk-server1"认证对话框中输入"公司领导"组用户hanlifan的用户名和密码后，单击"确定"按钮，如图1-133所示。

在文件服务器"XK-server1"窗口中双击要访问的共享文件夹"公司内部文件共享"，如图1-134所示。

图1-133　在工作组中选择文件服务器

图1-134　进入共享文件夹

2）写入文件测试。

在共享文件夹的工作区空白处单击鼠标右键，在弹出的快捷菜单中选择"新建"→"文本文档"命令，可看到使用"hanlifan"用户登录可在该共享文件夹中创建文件，如图1-135所示。打开该文件后，也可以修改文件内容，如图1-136所示。

图1-135　新建文本文件

图1-136　修改文件内容

步骤2　读取权限用户测试

1）在客户机（以"xingkong-pc2"为例，此计算机安装了Windows XP操作系统）上进入"网上邻居"，访问文件服务器"Xk-server1"，在弹出的"连接到Xk-server1"认证对话框中，输入"技术部"员工的用户名和密码后，单击"确定"按钮，如图1-137所示。

图1-137　输入用户名和密码

经验分享

如何在同一台计算机上使用第二个用户登录文件服务器

用户在访问文件服务器后，即使在客户端上关闭共享文件夹窗口，他的会话仍会保留15min，此时可以在客户端的命令提示符下输入"net use * /del"来删除会话。

2）在共享文件夹的内容区域创建文件进行测试，如图1-138所示。由于在文件服务器只给"技术部"组内的用户分配了读取权限，用户只能读取文件和文件夹，此时新建文件失败，如图1-139所示。

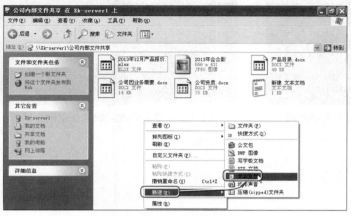

图1-138　新建文档测试　　　　　　　　　　图1-139　写入失败

 **相关知识**

Windows Server 2003常用组及默认权限，见表1-6

表1-6　常用组及默认权限对照

组	权 限	默认包含用户
Administrators	组内用户具备系统管理权限，拥有对这台计算机最大的控制权限，可以执行整台计算机的管理任务	Administrator
Users	组内用户只拥有一些基本的权利，例如，运行应用程序。不能修改操作系统设置、不能更改其他用户的数据、不能关闭服务器级别的计算机。所有添加的本地用户账户默认隶属于该组	无
Guests	一般为访问本地计算机内资源的网络用户使用，无需验证网络上的用户身份，该组的成员无法永久地改变其桌面的工作环境	Guest（默认禁用）
Backup Operators	组内用户无需拥有访问计算机中的文件夹或文件的权限就可以使用"备份"工具进行备份和还原操作	无
Power Users	组内用户权限比Users多，比Administrators组少 可创建、删除、更改本地用户账户，管理本地计算机内的共享文件夹、自定义基本的系统设置等。该组用户可以安装不修改操作系统文件并且不需要安装系统服务的应用程序。Power Users不具有将自己添加到 Administrators 组的权限。Power Users 不能访问 NTFS 卷上的其他用户资料，除非他们获得了这些用户的授权	无
Everyone	任何一个用户都属于这个组	所有

共享文件夹会话时间及其设置方法

文件服务器的默认空闲会话时间是15min。在用户需访问一台文件服务器上拥有不同共享权限的多个共享文件夹时，可在文件服务器的命令提示符窗口下输入"net config server"查看当前的空闲时间设置，如图1-140所示。可用"net config server /autodisconnect:1"设置空闲时间为1min。如果客户端无操作则1min后服务器会自动断开与之建立的连接，如图1-141所示。

图1-140　查看和修改默认空闲会话时间

图1-141　查看修改后的默认空闲会话时间

任务拓展

实践

某公司文件服务器安装了Windows Server 2003 R2操作系统，需要对其中的"公司公共下载文件夹"设置共享，系统管理员已经为经理和每个员工都建立了用户账户。为保证公司数据安全，要求服务器管理员账户Administrator和经理用的账户manager能够对文件和文件夹进行完全操作，其他用户必须使用用户名、密码登录，只允许下载数据。

思考

某文件服务器设置一个共享文件夹，对该文件夹分别设置了Guest、Everyone和一个特定用户wanghao的共享权限。如果客户端使用的系统登录账户为jiayanguang，那么该客户端登录文件服务器后会应用哪种共享权限，为什么？

任务2　使用磁盘映射功能实现客户机便捷访问

任务描述

星空公司的文件服务器已经架设完成并在公司内投入使用，总经理经常上传一些文件供大家下载，员工使用自己的用户名登录进行下载。随着公司业务量的逐渐增加，员工需要频繁访问文件服务器，每次登录时都需要输入用户名和密码，影响了大家对文件服务器的使用体验，总经理向系统管理员询问是否有方法简化文件服务器的使用，达到类似于访问本地磁盘的效果。

任务分析

星空公司文件服务器使用不便问题的根本原因，在于每次访问该服务器时需要输入用户名和密码，虽然从安全和服务器负载的角度来看是合理的，但用户更加习惯于一次登录多次使用。实现这一需求，可在客户端上使用"映射网络驱动器"工具来实现，通过输入共享文件夹的路径、用户名和密码，可将共享文件夹映射为本地的磁盘驱动器，用户访问这个驱动器就相当于访问了共享文件夹。任务实施流程如图1-142所示。

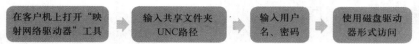

图1-142 任务实施流程

任务实施

步骤1 启动"映射网络驱动器"工具

1）打开"我的电脑"，如图1-143所示。执行"工具"→"映射网络驱动器"命令。

图1-143 启动"映射网络驱动器"工具

2）在"映射网络驱动器"对话框"驱动器"文本框中选择要映射成本地磁盘的卷标（例如，"Z:"），如图1-144所示。单击"浏览"按钮进入"浏览文件夹"对话框指定共享文件夹的UNC路径，如图1-145所示。输入或选择完成后单击"确定"按钮。

图1-144 指定共享文件夹的UNC路径

图1-145 选择文件夹

知识链接

什么是UNC路径

UNC（Universal Naming Convention，通用命名约定）是在网络（主要是局域网）中访问共享资源的路径表示形式。它以\\server-name\share-name\file-name（服务器名\共享共享文件夹名\资源名）来指定，例如，"\\192.168.1.101\公司内部文件共享\产品目录.docx" "\\Xk-server1\E$\doc\产品图片.jpg"等。

步骤2 输入用户名、密码

在"映射网络驱动器"对话框中单击"其他用户名"链接，如图1-146所示。在弹出的"连接身份"对话框中输入用户名、密码，如图1-147所示。输入完毕后单击"确定"按钮。返回"映射网络驱动器"对话框，单击"完成"按钮，如图1-148所示。

图1-146　使用指定的用户名、密码

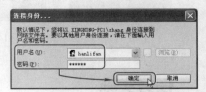

图1-147　输入用户名、密码

图1-148　单击"完成"按钮

经验分享

如何确保映射的网络驱动器在下次开机时依然有效

　　"映射网络驱动器"工具默认选中了"登录时重新连接"以确保客户机再次开机时依然能够查看映射的网络驱动器。如果没有选中该项，则下次开机时映射的网络驱动器会自动删除。

　　即使客户端映射了网络驱动器，但在用户访问这个驱动器之前客户机不会与服务器进行会话连接，只有访问时才建立会话。使用后，即使关闭了这个网络驱动器，会话依然会到达服务器上设定的空闲会话时间才会断开。建议在这种使用环境中，设置文件服务器空闲的会话时间尽量短，以最大限度保证服务器的低负载。

任务测试

　　在"我的电脑"窗口中双击所要使用的网络驱动器，如图1-149所示。进入网络驱动器窗口即可进行相应的文件读/写操作，如图1-150所示。

图1-149　打开网络驱动器

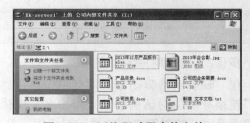

图1-150　网络驱动器内的文件

温馨提示

如何断开网络驱动器

如需减小服务器负载，需断开网络驱动器，需在"我的电脑"窗口中执行"工具"→"断开网络驱动器"命令。

相关知识

使用net use 命令映射或断开驱动器

如果要使用 net use 命令映射网络驱动器，则可以使用"net use X:\\计算机名称\共享名称"的命令格式，其中"X:"是要分配给共享资源的驱动器号。例如，将文件服务器server1上的共享驱动器C盘映射为本地驱动器Z，用户名为"wanghao"、密码为"123456"，应使用"net use Z: \\server1\C$ "123456" /user:"wanghao"" 实现开机自动映射。

任务拓展

实践

某公司网络中有一台文件服务器fileserver1，在此服务器上建立了一个共享文件夹share1，给予了用户zhaoqian（密码为password）的读取共享权限，该文件夹下的子文件夹forder1中有一个名为file1.zip的文件，请在客户机中映射该共享文件夹为驱动器Y。

思考

某一文件服务器上有共享文件夹，共享名为"公司共享数据文件夹"，在客户端的命令提示符中查看会话显示为"\\file-server\公司共享数据"，与服务器文件夹的共享名不一致。如果用户不知道共享文件夹的完整UNC路径，那么应该如何断开会话连接？

前沿技术关注

随着手机、平板计算机、互联网电视的普及，一种叫做NAS（Network Attached Storage，网络附加存储）的技术逐渐从企业网络应用中走入家庭，NAS作为一个独立的存储设备（存储服务器）允许终端或其他服务器通过网络形式访问其共享资源，NAS一般由以磁盘为主的硬件和专用的系统组成，支持SMB、CIFS、iSCSI、DLNA等多种协议。请在互联网上自学NAS的相关知识，了解NAS的原理、主流操作系统以及设备的访问方法。

项 目 总 结

　　在本项目中学习了文件共享的相关知识，包括文件服务器所使用的SMB/CIFS协议及其端口，Windows中用户和组的概念、常见组的作用，共享权限的3种类型以及与NTFS权限的应用组合，网络驱动器以及在文件服务器中常用的net config、net use命令等。

　　在需要内网文件共享的企业中，文件服务器虽没有那些专业的协同办公软件功能强大，但以其简单的配置、低廉的资金投入、良好的用户接口，得到了大范围的应用。配置文件服务器时要考虑用户的需求，依据共享的权限不同进行用户分组，设置这些用户和组访问文件夹的共享权限和NTFS权限，在需要的情况下简化访问形式以便于用户使用。

　　文件服务器涉及的用户、组、目录、权限等问题，系统管理员必须对其综合考虑才能做到合理配置，不仅考察了管理员解决问题的思路，还考察了管理员的系统安全意识，在保证文件服务器正常、安全运行的基础之上，考虑用户的易用性等问题。

项目知识自测

1）可以实现局域网内文件共享的协议有哪些？（选2项）

　　A．DHCP

　　B．SMB

　　C．DNS

　　D．CIFS

2）文件服务器所涉及的端口有哪些？（选3项）

　　A．SMB协议的TCP 139端口

　　B．CIFS协议的TCP 445端口

　　C．NBT协议的UPD 137、138端口

　　D．DHCP协议的UDP 67、68端口

3）以下对"组"的描述正确的是？（选3项）

　　A．"组"是管理用户的逻辑单位

　　B．"组"可以包含另外一个"组"

　　C．删除组的同时系统会自动删除关联的用户账户

D．一个用户可以隶属于多个"组"

4）以下哪些是UNC路径的正确格式？（选2项）

    A．\\1.1.1.1\folder\照片.jpg

    B．http://\\1.1.1.1\folder\照片.jpg

    C．\1.1.1.1\\folder\照片.jpg

    D．file:\\2.2.2.2\doc\作业.doc

5）以下哪个命令用于设置文件服务器会话的时间？

    A．net use

    B．net config server

    C．ipconfig /all

    D．arp –a

项目4　保障服务器正常运行

项目描述

    星空公司的服务器和员工计算机均采用单机版杀毒软件，且员工计算机的补丁更新都利用360安全卫士个人版来联网更新。在需要进行更新病毒库和杀毒时，需要在每个计算机上单独操作，管理员只能逐台启动病毒扫描程序；此外，员工在自己的计算机上随意安装软件后，不能主动、及时地对软件的漏洞进行修补和更新。由此产生的管理困境，构成了潜在威胁。

项目分析

    综合分析公司服务器和计算机现有情况，归结为4个问题，见表1-7。

表1-7　星空公司计算机安全问题分析

问　题	现　象
缺乏统一安全管理形成木桶效应	员工主机不恰当的安全配置、未被修复的软件漏洞，将会成为企业安全中最薄弱的环节
终端独自修复漏洞、病毒库升级等操作占用大量出口带宽	每台企业终端都从外网获取Windows漏洞补丁，占用企业出口带宽
隔离网难以统一升级	将企业的某部分网络隔离，目的在于保护该网络，但经常会无法及时对隔离网的病毒和补丁进行更新，从而使其丧失防御能力
难以管控终端安装的软件	员工可以随意在计算机上安装软件，不受统一约束，企业难以管控终端安装软件

为了保障服务器和计算机的安全可靠，保持病毒库更新的及时性，解决上述4个问题，公司决定选购一款企业版的杀毒软件，通过部署企业版的杀毒软件，完善公司对服务器和计算机的安全保障机制。

本项目中，首先要完成360企业版杀毒软件的部署，在控制中心上对企业终端进行扫描；然后借助离线升级工具为企业内网所有终端进行补丁和病毒库的更新。项目实施流程如图1-151所示。

图1-151　项目实施流程

任务1　部署企业版杀毒软件，保证服务器和客户端安全

任务描述

星空公司的服务器和计算机安装的是某品牌的个人版杀毒软件，多数员工平时很少能及时更新杀毒软件病毒库，致使计算机经常中毒，有时会出现重要数据因感染病毒而损失的情况，为管理员日常维护工作增加了困难。

任务分析

杀毒软件分为个人版和企业版。个人版适用于个人计算机单机使用，而企业版提供了集中控制功能，可以对公司的所有计算机进行安全分析、统一杀毒、病毒库推送等操作。

目前，市场上企业版杀毒软件较多，汇聚了国内和国外知名的安全防护企业产品。星空公司选购企业版杀毒软件要考虑如下几个因素。

1）需经过权威机构测评，如AV-C、VB100等。

2）能够有效防护多种网络攻击，安全功能强大。

3）有云查杀技术。

4）简单易用，有特色功能。

5）在安全防护能力相近的情况下，尽量选购国产品牌。

综合以上因素，选定360企业版杀毒软件。该杀毒软件在VB100的测试数据是杀毒率100%、误报率0%，并连续5次获得VB100和AV-C测试认证。

本任务中，在了解360企业版的系统构架后，结合企业的网络结构，制定出部署方案；依据方案先部署360控制中心，再部署企业终端。最后进行整个任务的测试。任务实施流程如图1-152所示。

图1-152　任务实施流程

趣图学知

个人版杀毒软件和企业版杀毒软件有何不同

　　个人版杀毒软件和企业版杀毒软件在工作方式上有所不同，如图1-153所示。个人版杀毒软件直接与杀毒软件厂商的病毒库服务器进行通信以更新病毒库，杀毒操作只影响用户所使用的一台计算机，与其他用户操作并无关系。企业版杀毒软件里的中心服务器角色尤为重要，由中心服务器与杀毒软件厂商的病毒库服务器进行通信以更新病毒库，企业版杀毒软件的客户端无需再占用宝贵的外网出口带宽，而是从中心服务器上下载并完成病毒库的更新。此外，客户端受中心服务器控制，中心服务器可指定病毒库的更新时间、杀毒规则以及控制客户端进行查杀。

图1-153　个人版杀毒软件和企业版杀毒软件的不同

 任务实施

　　步骤1　了解企业版杀毒软件的系统构架（以360企业版杀毒软件为例）

　　360企业版杀毒软件采用C/S构架，由控制中心和终端组成。服务器端和客户端均部署在企业网内部，系统构架如图1-154所示。

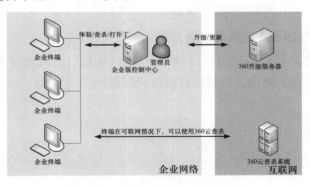

图1-154　360企业版杀毒软件架构

　　1）了解控制中心。

　　控制中心是企业版杀毒软件的服务器端，部署在企业内网的服务器上。为保证内网能联网访问，要求服务器端有固定IP地址。

　　控制中心包含3个功能模块：

　　①系统中心：负责与终端客户端进行通信。接收终端上报的体检信息、病毒信息、漏洞信息等；下发各种体检、杀毒、安装补丁等指令和策略。

　　②管理平台：是基于B/S模式的管理平台，管理员可以通过浏览器进行远程管理，

查看全网的企业安全状况、配置终端安全策略、软件管理、硬件管理、配置企业版的运行参数等。

③升级服务：为终端提供病毒木马库和程序等文件的升级更新。

360企业版独创了多种升级模式。如果控制中心可以直接接入互联网，则控制中心作为代理服务器，实时缓存客户端需要升级的文件数据，为终端客户提供最及时的升级服务；如果控制中心无法接入互联网，则可以使用离线升级工具，在一台能接入互联网的计算机上下载好升级数据，然后导入控制中心进行更新，控制中心下面的终端客户也能及时进行病毒木马库和程序文件的升级（查看离线升级详情）。用户也可以根据自己的网络情况，自主选择需要的升级模式。

知识链接

C/S模式和B/S模式有何区别

C/S又称Client/Server或客户端/服务器模式，通过将任务合理分配到Client端和Server端，降低了系统的通信开销，可以充分利用两端硬件环境的优势。B/S又称Browser/Server或浏览器/服务器模式，C/S中的Client端变成了Browser端用浏览器实现了原来需要复杂专用软件才能实现的功能，并节约了开发成本，是一种全新的软件系统构造技术。

2）了解企业终端。

企业终端是指企业的终端计算机，这些终端部署了360企业版的终端程序。360企业版终端程序由360安全模块和通信管理模块组成，其中360安全模块包括360安全卫士、360杀毒（可选）等。360安全卫士和360杀毒等安全模块提供和个人版一样的安全保护功能，完成对终端的安全防护工作；通信管理模块负责终端与控制中心通信的管理，把终端的安全状况报告给控制中心，从控制中心接收各种安全策略。

若企业终端可以连接到互联网，则可以直接连接到360云查杀系统，使用云查杀功能，同时也可以直接从外网的360服务器进行病毒库的升级。

步骤2　制定企业版杀毒软件的部署方案

星空公司的网络拓扑结构如图1-155所示，除财务部门的PC处于独立网络外，其他计算机和服务器均处于一个网络，且可以自由访问互联网。

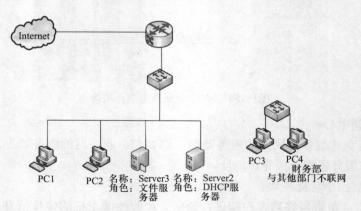

图1-155　星空公司的网络拓扑结构

通过阅读本任务相关知识1"360企业版部署方案"和相关知识2"360企业版终端部署

方式"，制定星空公司杀毒软件部署方案，确定设立两个控制中心，见表1-8。

表1-8　企业版杀毒软件部署方案

区　域	主机名称	定义角色	系统类型	作　　用	部署方式
可访问互联网区域	Server2	360控制中心1	Windows Server 2003	负责公司可连接互联网服务器和计算机的病毒库更新、策略下发	从"http://b.360.cn"直接下载并安装
	Server3	360终端	Windows Server 2003	完成对终端的安全防护	Server3采用"Web方式"终端部署方式安装企业版安全卫士和360杀毒
	PC1 PC2	360终端	Windows XP	完成对终端的安全防护	已经安装了360个人版安全卫士，因此，用"验证码升级"方式将个人版安全卫士转换为企业版，同时，利用"Web方式"部署360杀毒软件
财务部门	PC3	360控制中心2	Windows XP	负责公司财务部门计算机的病毒库更新、策略下发	在Server2上下载后，复制到PC3上并安装
	PC4	360终端	Windows XP	完成对终端的安全防护	已经安装了360个人版安全卫士，因此，用"验证码升级"方式将个人版安全卫士转换为企业版，同时，利用"Web方式"部署360杀毒软件

　　在公司网络中共架设2个企业版控制中心，如图1-156所示。其中，在DHCP服务器上安装360企业版控制中心，由其负责对公司其他服务器和计算机进行病毒库更新、策略下发和管理等；在财务部的PC3上安装360企业版控制中心，由其负责对财务部的计算机进行病毒库更新、策略下发和管理等。此部署方案实施后，会减少服务器和计算机更新病毒特征库所占用的出口带宽。公司的360控制中心1在下载病毒特征库后，会推送给管理区域内的服务器和计算机，也可以将下载的病毒特征库信息复制到360控制中心2上，由360控制中心2维护财务部门。

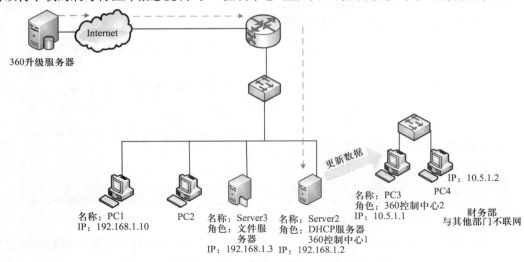

图1-156　控制中心部署和客户端更新方式

步骤3　安装360企业版控制中心

1）下载企业版安装程序。在Server2上访问360企业版的官方网站"http://b.360.cn"，单击"下载离线安装包"链接，如图1-157所示。

经验分享

控制中心必须具备固定IP地址

终端安装部署的时候，需要用到控制中心的IP地址，并把该地址写入相应的配置文件中。如果终端部署以后该地址再发生变化，那么终端就无法通过配置文件中相应的IP地址找到控制中心，在控制中心也就无法查看和管理该终端。

图1-157　下载360企业版安装程序

2）运行企业版安装程序。在"欢迎安装'360企业版控制中心'"窗口选中"我已阅读并同意授权协议"复选框，然后单击"下一步"按钮，如图1-158所示。

3）在"自定义安装选项"对话框中，定义要安装的组件，选中"360杀毒：全面防御，强劲查杀！"复选框，然后单击"下一步"按钮，如图1-159所示。

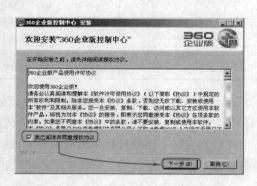

图1-158　同意许可协议

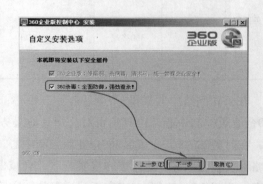

图1-159　设置自定义选项

4）安装程序会进行复制文件等操作，等待即可，如图1-160所示。当出现"安装完成"窗口时单击"完成"按钮，如图1-161所示。

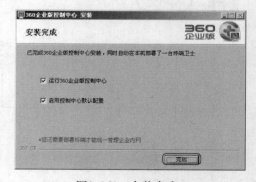

图1-160　安装程序正在复制文件

图1-161　安装完成

5）配置控制中心：设置IP地址、端口、登录密码。本任务中将升级服务器的密码设置为"admin123!@#"，如图1-162所示。设置完成后单击"下一步"按钮。

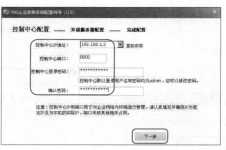

图1-162 配置控制中心

配置控制中心要注意的3项

1）IP地址：应是固定IP地址，以便终端能够访问。

2）管理端口：该端口为管理员通过浏览器登录控制中心时使用的端口，该端口可以随意修改，确保未被其他应用占用即可，要牢记。

3）admin用户密码：默认为"admin"（不含双引号）。

6）配置升级服务器，设置升级端口、内网限速、外网限速、升级文件和数据备份的目录，设置完成后单击"下一步"按钮，如图1-163所示。

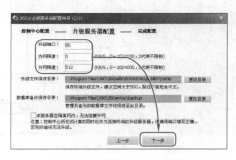

图1-163 升级服务器配置

配置升级服务器要注意的5项

1）升级端口：该端口也是终端安装时访问页面的端口，默认为80。如果已经部署了终端，那么就不能再修改了。如果必须修改，那么请参考控制中心迁移功能。

2）内网限速：限制内网终端从此升级服务器的下载流量。

3）外网限速：限制本升级服务器到外网下载数据的流量。

4）升级文件保存目录：该目录会存放终端升级时需要的文件，包括病毒库版本、操作系统补丁等。最好不要放在系统盘，以免影响系统运行。

5）数据库备份保存目录：控制中心和升级服务器的备份数据将会保存至此目录下。

7）如果设置的升级文件、数据库备份文件所在磁盘剩余容量小于50GB，则软件会弹出提示用户修改，如图1-164所示。如果不再修改则单击"确定"按钮。配置完成后会出现如图1-165所示的页面，此时单击"完成"按钮即可。

图1-164 存储目录剩余空间提示　　　　　　　　图1-165 安装完成

8）运行360企业版控制中心。在浏览器中输入服务器的IP地址和端口号访问控制中心，如图1-166所示。本任务使用"http://localhost:8800"进入登录页面，然后输入账号为"admin"、密码为"admin123!@#"和页面上提示的验证码，再单击"登录"按钮。验证通过后，将会进入控制中心首页，如图1-167所示。

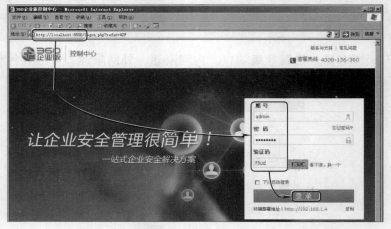

图1-166 登录控制中心

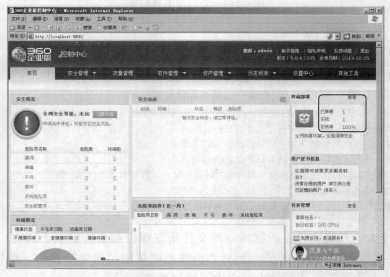

图1-167 控制中心首页

步骤4　在PC3上安装360企业版控制中心

由于PC3处于隔离网内，无法访问360官方网站，所以可借助Server2下载离线安装包，复制到PC3上进行安装，步骤同上。

步骤5　为计算机安装企业版杀毒软件客户端

在PC1、PC2和PC4上，利用"Web"方式部署360杀毒软件，利用"验证码升级"方式将个人版360安全卫士转换为企业版，本任务中以PC1为例。

温馨提示

验证码升级的先决条件

采用"验证码升级"方式部署前，执行升级的计算机须已经安装360个人版的安全卫士，并且获得了验证码。Server2作为PC1和PC2的控制中心；PC3作为PC4的控制中心，因此，在安装时PC4上使用的验证码与在PC1和PC2上使用的不同。

1）在Server2的"360控制中心"管理界面上，单击右侧的"部署"链接，打开"安装部署终端"对话框，将如图1-168所示的终端下载地址发送给企业用户，可以采用短信、QQ、MSN、电子邮件等方式。

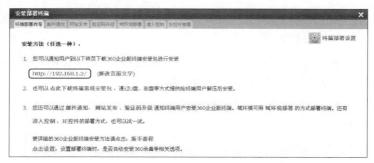

图1-168　查看终端安装包下载地址

2）在终端（360企业版的称谓）PC1上，打开浏览器输入下载地址："http://192.168.1.2"，单击下载链接，如图1-169所示。

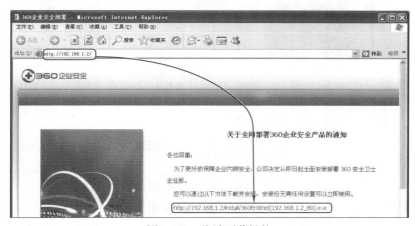

图1-169　终端下载链接

3）在"文件下载–安全警告"对话框中单击"运行"按钮，如图1-170所示。

4）在"Internet Explorer –安全警告"对话框中再次单击"运行"按钮，如图1-171所示。终端安装程序会进行文件的复制，如图1-172所示。安装完毕后单击"完成"按钮，如图1-173所示。

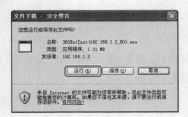

图1-170　下载警告

图1-171　运行警告

图1-172　360企业安全终端程序正在安装

图1-173　安装完成

5）返回终端下载页面，单击"查看更多安装方法"链接会出现验证码页面，如图1-174所示。单击"复制"链接完成验证码的复制。

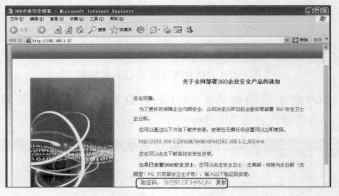

图1-174　获取验证码

6）在PC1上打开360安全卫士，如图1-175所示。单击标题栏右侧倒数第三个按钮（向下三角符号），执行"切换为企业版"命令。

图1-175　切换到企业版

7）打开"切换为企业版"对话框，此时PC1会搜索可以联系到的控制中心，选择对应的控制中心计算机后，单击"切换"按钮，如图1-176所示。切换成功后，出现如图1-177所示的对话框。

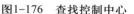

图1-176 查找控制中心　　　　　图1-177 360安全卫士切换为企业版成功

经验分享

如何手工指定控制中心

若切换程序搜索不到控制中心，可以在如图1-176所示的对话框中单击"我需要的控制中心不在列表中，我要手动输入验证码"链接，输入从管理员处获得的验证码，即可找到对应的控制中心。

步骤6　利用"Web方式"为Server3部署360企业版终端

1）在Server2上打开360控制中心，可以看到终端进行网页下载的地址为"http://192.168.1.2"，如图1-178所示，记录此地址。

图1-178 查看终端下载地址

2）在Server3的浏览器地址栏中输入服务器（Server2）的下载地址"http://192.168.1.2"，打开如图1-179所示的对话框。此时单击"添加"按钮将此网站添加到信任列表中。在弹出的"可信站点"对话框中继续单击"添加"按钮，如图1-180所示。添加操作完成后单击"关闭"按钮。

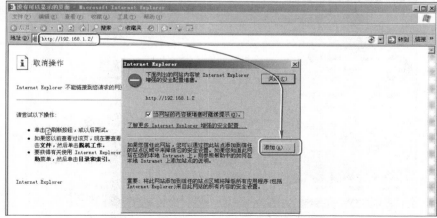

图1-179 Internet Explorer增强安全设置提示

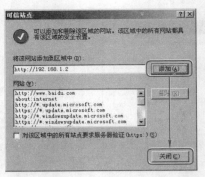

图1-180　添加网站到信任区域中

3）在下载页面中单击下载链接，如图1-181所示。在浏览器的安全警告对话框中单击"运行"按钮，直至360企业安全产品的客户端程序安装完成，再单击"完成"按钮，安装过程与PC1一致。

图1-181　下载并安装360企业安全产品的客户端程序

 任务测试

步骤1　对可访问互联网的联网区域进行测试

1）在Server2上打开360控制中心管理页面，如图1-182所示。在右侧"终端部署"区域可看到"已部署"的终端数量为3。

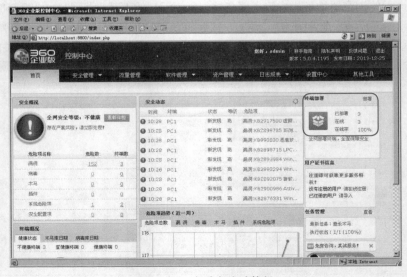

图1-182　查看在线计算机

2）选择"安全管理"选项卡，如图1-183所示。可看到3台在线终端的状态，包括体验得分、漏洞、病毒、木马、插件、系统危险项、安全配置等信息。

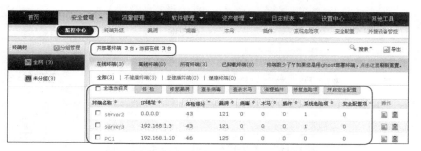

图1-183 查看已经安装360杀毒的计算机

3）单击"安全管理"选项卡上部的"病毒"链接，打开如图1-184所示的窗口，选中Server3和PC1，单击"全盘扫描"按钮。

图1-184 控制终端进行杀毒操作

4）在Server3和PC1上打开360杀毒，可以查看到正在进行全盘杀毒，说明作为控制中心的Server2已经成功调动终端进行杀毒，如图1-185所示。

图1-185 在终端上查看受控情况

步骤2 对隔离的财务部区域进行测试

1）在PC3上打开360控制中心管理页面，在右侧"终端部署"区域可看到"已部署"的终端数量为2，如图1-186所示。

图1-186 查看在线计算机

2）选择"安全管理"选项卡，可看到2台在线终端的状态，包括体验得分、漏洞、病毒、木马、插件、系统危险项、安全配置等信息，如图1-187所示。

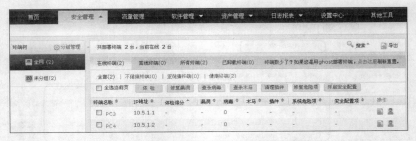

图1-187　查看已经安装360杀毒的计算机

3）单击"安全管理"选项卡上部的"病毒"链接，打开如图1-188所示的窗口。选中PC4，单击"全盘扫描"按钮。

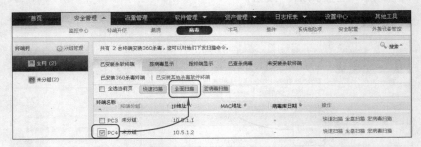

图1-188　控制终端进行杀毒操作

4）在PC4上，打开360杀毒，可以查看到正在进行全盘杀毒，说明作为控制中心的PC3已经成功调动终端进行杀毒，如图1-189所示。

图1-189　在终端上查看受控情况

步骤3　记录测试情况。将测试方法和结果汇总于表1-9中

表1-9　360企业版杀毒功能测试结果记录

区　　域	主机名称	定义角色	部　署　方　式	测试方法及结果
可访问互联网区域	Server2	360控制中心1	从"http://b.360.cn"直接下载并安装	可以在Server2上通过"360企业版控制中心"查看Server3和PC1的安全状态，并能统一调动Server3和PC1进行杀毒
	Server3	360终端	Server3采用"Web方式"终端部署方式安装企业版安全卫士和360杀毒	
	PC1	360终端	已经安装了360个人版安全卫士，因此，用"验证码升级"方式将个人版安全卫士转换为企业版，同时，利用"Web方式"部署360杀毒	

区　　域	主机名称	定义角色	部　署　方　式	测试方法及结果
财务部门	PC3	360控制中心2	在Server2上下载后，复制到PC3上并安装	可以在PC3上通过"360企业版控制中心"查看PC4的安全状态，并能调动PC4进行杀毒
	PC4	360终端	已经安装了360个人版安全卫士，因此，用"验证码升级"方式将个人版安全卫士转换为企业版，同时，利用"Web方式"部署360杀毒	

相关知识1　360企业版部署方案

1. 小型企业部署方案

企业特点：终端数较少，没有专职的网络管理员或者安全管理员。缺少网络方面的整体管理，终端可以自由访问Internet，但企业的带宽有限。

目标：达到无人值守，自动保护企业安全。

部署方案：在企业内部，部署控制中心和企业版终端。企业内网的控制中心具有缓存功能，对外负责从360升级服务器上下载更新，然后将这些更新下发给企业终端。采用这种方式后，同样的数据文件只会下载一份，可以极大地节省企业出口带宽。同时，控制中心可以为企业终端制定安全策略，这些安全策略包括进行体检、杀毒和修复漏洞等安全操作。在进行杀毒扫描时，企业终端也可以直接连接360的云查杀系统，进行云查杀，如图1-190所示。

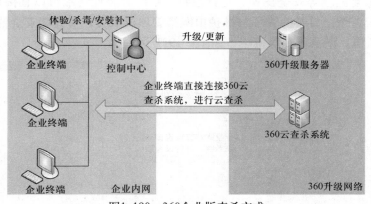

图1-190　360企业版查杀方式

2. 中型企业解决方案（隔离网环境）

企业特点：企业终端数从几十台到几百台不等，所有终端都集中在一个局域网内，有专门的网络管理员或者安全管理员。由于企业业务特点，网络管理情况的要求较高，不允许终端连接互联网。

目标：方便管理与维护，清除安全死角，完善企业终端安全。

部署方案：在企业内部署控制中心和企业版终端。企业终端根据控制中心制定的安全策略，进行体检、杀毒和修复漏洞等安全操作。在一台能访问互联网的计算机上，使用360离线升级工具就可以下载补丁、病毒库等信息，然后将这些信息复制到隔离区域的控制中心上，再由该控制中心为终端更新病毒库、木马库、漏洞补丁等，如图1-191所示。

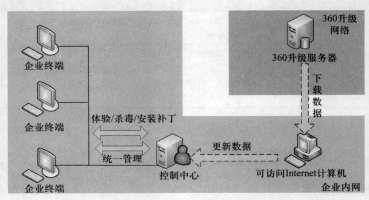

图1-191　360企业版升级方式

3. 中型企业解决方案（联网环境）

企业特点： 企业终端数从几十台到几百台不等，所有终端都集中在一个局域网内，由专门的网络管理员负责维护。网络管理不是很严格，允许终端上网。

目标： 统一下载升级，节约带宽。

部署方案： 在企业内部部署控制中心和企业版终端，企业版终端通过控制中心连接到360的升级服务器进行升级、更新等，控制中心具有缓存功能，同样的数据文件只会下载一次，可以极大地节省企业总出口带宽。企业版终端根据控制中心制定的安全策略，进行体检、杀毒和修复漏洞等安全操作。进行杀毒扫描时，企业终端可以直接连接360的云查杀系统，进行云查杀。日常的管理与维护由网络管理员负责，对终端安全情况进行定时查看，下发统一杀毒、漏洞修复等策略，如图1-192所示。

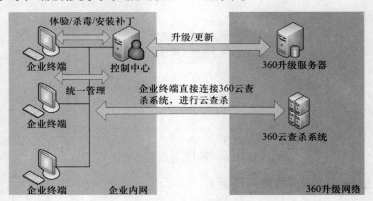

图1-192　联网环境解决方案

4. 大型企业解决方案

企业特点： 企业规模很大，一般会有几千、几万甚至几十万的终端，终端分散在不同的区域，区域内部通过千兆或者百兆的局域网连接，区域和区域之间通过十兆级别的专线连接。每个区域都会配有管理员，网络管理严格。

目标： 专属服务，无线扩展。

部署方案： 在企业的核心区域，部署总控制中心，在每个分区域，部署分控制中心。

分控制中心的上级指向到邻近自己的上级控制中心，以方便管理和节省网络带宽。每个区域的终端都指向自己区域的控制中心，并从控制中心接收管理指令，上报安全数据，进行病毒库、木马库升级和漏洞修复等，如图1-193所示。

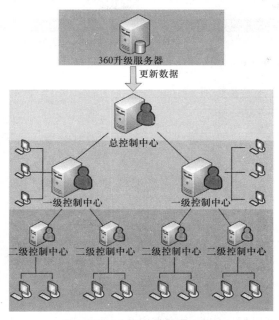

图1-193　大型企业解决方案

相关知识2　360企业版终端部署方式

1．Web方式

将图1-194中所示的网址下发给需要安装企业版终端的用户，方式随意，例如，电子邮件、QQ群、飞信群等均可。终端用户接收到该地址后，打开浏览器，输入该地址，出现如图1-195所示的页面。单击页面中的链接，直接打开进行安装即可。如果先保存到本地再运行安装，那么切记不可修改文件名称，否则会造成安装失败。目前采用静默安装方式，终端不需要做任何的处理和选择。

图1-194　查看下载链接

图1-195　单击链接下载终端程序

2. 邮件通知

如图1-196所示的页面，可以向指定用户发送电子邮件，用户收到电子邮件后，通过电子邮件中的链接下载安装企业版终端。单击链接后，安装过程与Web方式相同。

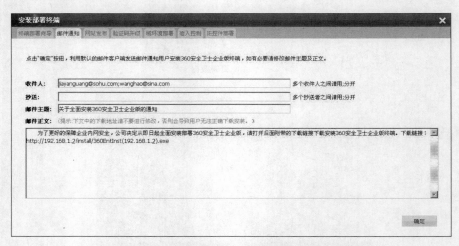

图1-196　使用电子邮件方式发布终端程序下载链接

3. 网站发布

如图1-197所示，可以把文本框中的文字作适当修改后，复制到公司相关网站或者OA系统中，供用户单击链接下载安装。单击链接后，安装过程与Web方式相同。

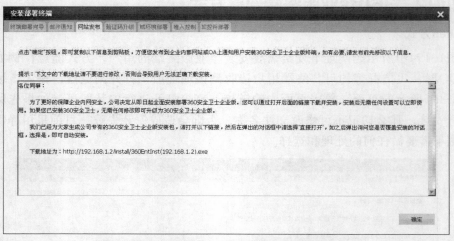

图1-197　使用网站方式发布终端程序下载链接

4. 验证码升级

若公司内部已有终端安装部署了个人版的安全卫士，那么可以通过验证码直接把个人终端升级为企业版终端，节省安装部署的时间。

管理员从服务器端获取验证码，把验证码发送给需要部署的终端用户。终端用户通过填写验证码的方式切换为企业版，如图1-198所示。

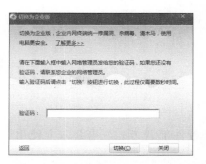

图1-198　客户端使用验证码切换为企业版

5. 域环境部署

可以单击图1-199中所示的"下载域安装部署工具"链接下载工具。借助域安装部署工具，域管理员可以向所有Active Directory域用户强制推送并安装终端。

图1-199　通过域安装部署工具发布终端程序

6. 准入控制

可以单击图1-200中所示的"下载终端部署准入工具"链接下载工具。借助终端部署准入工具，可以对未部署企业版终端的计算机开启准入控制，使该终端对外网的访问都会重定向到部署页面，提醒其进行下载。

图1-200　准入控制功能

7. IE控件部署

对于启动了ActiveX的终端用户，可以采用此部署方式，如图1-201所示。当客户端在运行Internet Explorer内核的浏览器上输入"http://192.168.1.2/"时，会进入安装界面。

图1-201　IE控件部署方式

任务拓展

实践

1）在Server2 上开启IE控件部署方式，在PC2上使用"IE空间部署"方式部署企业终端。

2）部署成功后，在PC1上使用"http://192.168.1.2:8800"登录"360控制中心1"，对PC2进行快速扫描。

思考

1）360企业版的控制中心包含哪几部分，各自的作用是什么？

2）采用"验证码升级"方式，终端需要具备哪些条件？

任务2　安装系统补丁

任务描述

星空公司的网络出口带宽为4Mbit/s。每当有Windows补丁发布时，公司的互联网访问速度会受到影响而变慢，经排查是公司服务器和计算机的补丁更新占用了带宽；另一方面，有些员工关闭了Windows 自动更新服务，这种行为严重影响了公司的网络安全，也增加了这些员工计算机受漏洞攻击的可能。

任务分析

补丁更新方式有两种：Windows Update、第三方软件更新。Windows Update是微软系统集成的更新方式，从微软官方网站下载更新，其所提供的补丁权威，但用户不能对补丁进行有效控制和管理。使用第三方软件更新，从更新速度和有效管理方面优于Windows Update。

目前，公司已经部署了360企业版，利用其中的补丁修复功能，统一管理和下发服务器和计算机补丁。同时，使用360离线升级工具也能为隔离区域计算机进行有效的补丁管理，任务实施流程如图1-202所示。

图1-202　任务实施流程

**任务实施**

步骤1　在联网区域利用控制中心为终端进行补丁更新。

1）在Server2上启动"360企业版控制中心"，单击"安全管理"选项卡中的"漏洞"按钮，打开如图1-203所示的页面，可看出针对当前的3台终端，共发现了152个高危漏洞。

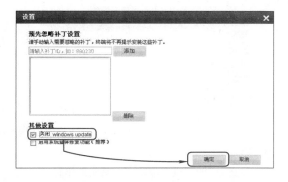

图1-203　在控制中心查看终端系统漏洞汇总

2）单击"按终端显示"按钮，查看当前3台终端的漏洞情况，如图1-204所示。如果要在控制中心中关闭Windows Update，则单击窗口右侧的"设置"按钮。

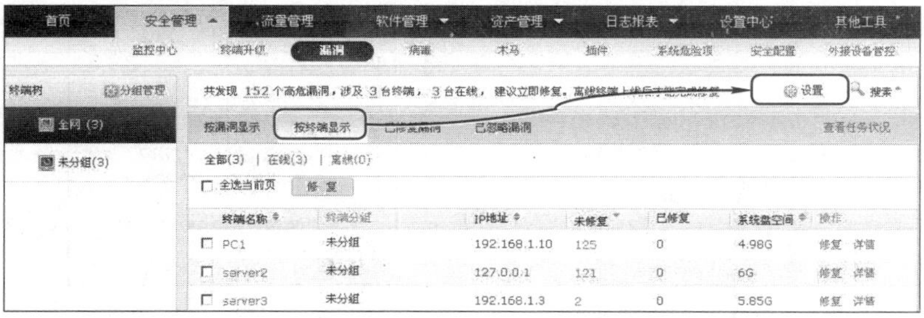

图1-204　按终端显示系统漏洞

3）在"设置"对话框中，选中"关闭Windows update"复选框，然后单击"确定"按钮，如图1-205所示。

图1-205　在360控制中心中设置"关闭Windows Update"

4）单击图1-204中PC1后的"详情"链接。打开"终端详情-修复漏洞"对话框，如图1-206所示。选中其中补丁类型为"严重"和"重要"的补丁程序，然后单击"修复"按钮。

图1-206　修复指定的补丁程序

5）利用同样的方式为Server2和Server3进行补丁的修复，过程略。

步骤2　利用离线工具，为隔离区域计算机进行补丁更新

1）在可以联网的计算机上访问"http://u.b.360.cn/offupd.html"，找到页面中的申请部分，如图1-207所示，单击页面上的"填写申请表"链接。

2）在"填写申请信息"区域填写公司相关信息，如图1-208所示。填写完毕后单击"提交"按钮。

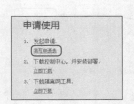

图1-207　申请试用离线工具

图1-208　填写相关信息

3）返回如图1-207所示的页面后，单击"下载隔离网工具"下的"立即下载"链接进行下载。下载完成后，运行隔离网工具程序360EntOffUpd.exe，打开如图1-209所示的对话框，设置安装路径后单击"安装"按钮。

图1-209　设置隔离网工具安装路径

什么是离线升级工具

若企业有隔离网环境，则隔离网中的控制中心无法访问互联网时使用该工具。利用离线升级工具可以更新终端的安全卫士木马库、杀毒病毒库、系统漏洞补丁、安全卫士程序版本、杀毒程序版本以及控制中心的版本。

4）本任务中采用的控制中心版本为5.0.4.1195，出现"360离线升级工具"窗口后选择"下载5.0离线数据"单选按钮，然后单击"下载设置"链接，如图1-210所示。

图1-210　选择离线数据版本

如何选择离线数据版本

控制中心是3.×.×.××××版本选择下载3.0离线数据；控制中心是4.×.×.××××版本选择下载4.0离线数据；控制中心是5.×.×.××××版本选择下载5.0离线数据，按此方法类推。

5）在打开的"设置"对话框中的"升级文件类型设置"中选择"仅下载漏洞补丁"单选按钮，然后选择下载漏洞补丁的操作系统版本，如图1-211所示。再单击"确定"按钮返回如图1-210所示的窗口，单击"下载离线数据"按钮，开始下载离线数据。

6）在出现"登录"对话框后输入注册时使用的邮箱和密码，输入完毕后单击"登录"按钮，如图1-212所示。

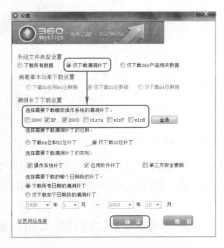

图1-211　自定义下载设置

图1-212　登录离线升级工具

7）在如图1-213所示的对话框中，提示已经完成校验本地数据，单击"开始下载"按钮。

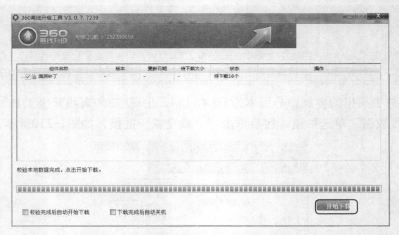

图1-213　等待离线升级工具完成校验

8）等待所有组件下载完成后会弹出"下载完成！"的提示信息，如图1-214所示。之后可以通过移动存储设备将已下载好的离线数据转移到隔离区域，接着就是准备更新离线数据操作了。

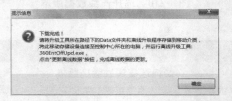

图1-214　下载完成提示

9）在隔离区域角色为控制中心2的计算机（即PC3）上，打开"控制中心"后单击"立即体验"按钮，体验后发现危险漏洞数为124个，如图1-215所示。

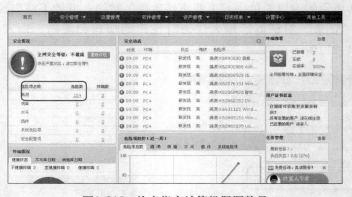

图1-215　检查指定计算机漏洞数量

10）更新离线数据。在控制中心2的计算机（即PC3）上再运行360EntOffUpd.exe 程序，打开工具主界面，单击"更新离线数据"按钮，如图1-216所示。在弹出的"360产品"提示框中单击"是"按钮，如图1-217所示。

11）360离线升级工具开始进行更新操作，更新完成后单击"完成"按钮，如图1-218所示。

图1-216　更新离线数据

图1-217　更新提示

图1-218　更新漏洞补丁

12）在隔离区域的控制中心2（即PC3）上运行控制中心，单击"重新体验"按钮，可以看到漏洞数有所变化，说明利用离线工具升级成功，如图1-219所示。

图1-219　重新体验

 任务测试

步骤1　测试联网区域终端补丁更新情况。

在Server2上运行360企业版控制中心，单击"安全管理"选项卡中的"监控中心"按钮可看到Server2、Server3和PC1补丁更新情况，Server2有7个漏洞未修复，Server3和PC1的所有漏洞已修复，如图1-220所示。

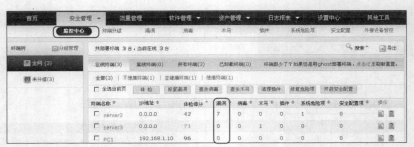

图1-220　查看漏洞修复情况

步骤2　测试隔离区域终端补丁更新情况

1）在控制中心2（即PC3）上运行360企业控制中心，在"安全管理"选项卡中单击"漏洞"按钮，单击PC3后的"详情"链接，如图1-221所示。

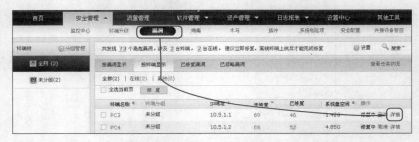

图1-221　在控制中心查看漏洞汇总

2）在"终端详情-修复漏洞"对话框中可看到PC3有69个补丁处于更新中，如图1-222所示。

图1-222　PC3漏洞修复详情

3）用同样的方法查看PC4补丁更新的详细情况，可看到有66个补丁处于更新中，如图1-223所示。

图1-223　PC4漏洞修复详情

经验分享

补丁的更新时间为何不同

系统的补丁更新时间，依据补丁的数量不同，更新所用时间不同。当需要更新的补丁较多时，耗时也相对长，需要耐心等待。

相关知识

通过组策略编辑器开关Windows Update

步骤1 了解Windows Update

Windows Update是微软提供的一种自动更新工具，通常提供漏洞、驱动程序、软件的升级，Windows Update是用来升级系统的组件，通过它来更新操作系统，能够扩展操作系统的功能，让操作系统支持更多的软、硬件，解决各种兼容性问题，使其更安全、更稳定。

步骤2 打开组策略编辑器

在"开始"菜单的"运行"对话框中输入"gpedit.msc"，如图1-224所示。

图1-224 运行组策略编辑器

步骤3 打开组策略编辑器

依次展开"计算机配置"→"管理模板"→"Windows组件"，然后单击"Windows Update"，可看到当前系统未配置自动更新，此时双击"配置自动更新"策略项，如图1-225所示。

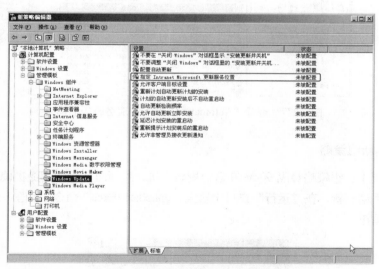

图1-225 打开Windows Update策略项

步骤4 配置自动更新

在"配置自动更新属性"对话框中选择"已启用"（默认为"未配置"）单选按

钮，在"配置自动更新"下拉列表中选择"5-允许本地管理员选择设置"，并将"计划安装日期"设置为"0-每天"，"计划安装时间"设置为"00:00"，如图1-226所示。设置完成后单击"确定"按钮。

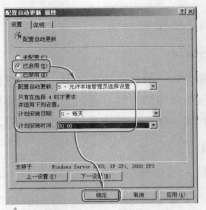

图1-226　配置自动更新

步骤5　查看系统自动更新服务状态

在"计算机管理"窗口中依次展开"计算机管理（本地）"→"服务和应用程序"→"服务"项，检查当前系统的"Automatic Updates"服务是否启动，如图1-227所示。

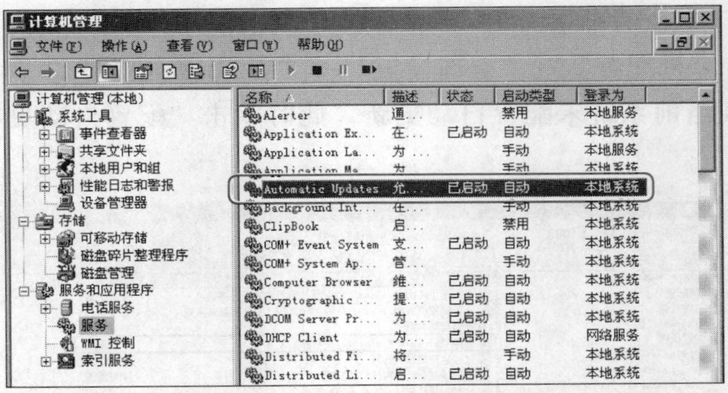

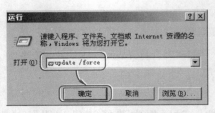

图1-227　查看"Automatic Updates"服务是否启动

步骤6　刷新组策略

在默认情况下，组策略每隔 90min在后台刷新一次，刷新时间可能会随机偏移 0～30 min。本任务中使用手动刷新，在"运行"窗口中输入"gpupdate /force"命令，如图1-228所示，然后单击"确定"按钮。

图1-228　手动刷新组策略

任务拓展

实践

1）利用360离线下载工具，为隔离区域的计算机更新系统补丁。

2）在组策略中启动或关闭Windows Update。

思考

1）360离线升级工具的作用是什么？

2）本任务中，使用360企业版对公司计算机进行补丁更新，请结合这个任务谈一谈，利用第三方软件与使用Windows Update更新补丁有哪些区别？

项 目 总 结

通过本项目的学习，了解了360企业版系统组成与作用以及360企业版的7种部署方式，掌握了2种部署方式的使用方法和360离线工具的使用方法。

在项目实施过程中，分别使用Web方式为服务器部署了360企业版，使用验证码升级方式将个人版360安全卫士转换为企业版。利用360离线升级工具，以一台可访问Internet的计算机作为中介，为隔离网络进行病毒特征库和补丁的升级。同时，利用部署的360企业版，在控制中心统一下发病毒库、补丁，并进行统一的全网检测。

在本项目的2个任务实施中，要注意安全意识的养成，在部署企业版杀毒软件后，应定期主动维护以保证公司服务器和计算机安全。

项目知识自测

1）企业版和个人版杀毒软件有哪些区别？（选3项）

　　A．个人版免费，企业版收费

B．企业版强调集中管理，个人版无此功能

C．企业版可对所控制的计算机进行统一杀毒和病毒库推送

D．企业版可对所控制计算机进行安全分析

2）在360企业版中，客户端与服务器的通信采用何种模式？

A．B/S模式

B．Active Directory模式

C．并未产生任何通信

D．C/S模式

3）360企业版中管理平台采用何种模式？

A．远程模式

B．B/S模式

C．浏览器模式

D．C/S模式

4）登录360控制中心和升级的默认端口是哪些？（选2项）

A．80

B．8080

C．8800

D．72

5）若360控制中心的地址为192.168.1.1，要通过Internet Explorer浏览器访问该控制中心，需要输入的网址是什么？

A．http://192.168.1.1/8080

B．http://192.168.1.1

C．http://192.168.1.1:8800

D．http://192.168.1.1/8800

6）360企业版终端的部署方式有几种？（选6项）

A．Web方式

B．邮件通知

C．验证码升级

D．域环境部署

E．准入控制

F．IE控制部署

G．离线部署

7）Windows Update的作用是什么？

A．进行病毒库更新

B．杀毒

C．进行补丁更新

8）利用360企业版，可以进行哪些操作？（选5项）

A．终端升级

B．扫描和修复漏洞

C．病毒查杀

D．木马查杀

E．手机软件升级

F．管理插件

9）利用360离线升级工具，可以下载哪些类型文件？（选3项）

A．其他杀毒软件的病毒库

B．系统漏洞补丁

C．360产品相关数据

D．应用软件补丁

建达公司有服务器使用需求，要求系统管理员完成从系统安装、服务器配置、客户端测试的所有工作。具体要求如下：

安装服务器操作系统

序 号	服务器需求	权 重
1	在服务器1上，安装Windows Server 2003 R2操作系统，C盘30GB，其余磁盘空间划分给D盘，并安装相应驱动程序	5%
2	在服务器2上，安装Windows Server 2003 R2操作系统，C盘30GB，其余磁盘空间划分给D盘，并安装相应驱动程序	5%

设置服务器信息、分配服务器角色

序 号	服务器需求	权 重
1	server1角色：DHCP服务器、文件服务器 将服务器1的计算机名设置为server1，IP地址设置为192.168.33.201/24，网关设置为192.168.33.1	5%
2	Server2角色：企业防病毒软件中心服务器 将服务器2的计算机名设置为server2，IP地址设置为192.168.33.202/24，网关设置为192.168.33.1	5%

安装、配置与调试服务器

序 号	服务器需求	权 重
1	将server1配置成为DHCP服务器，具体要求如下： 1）作用域名称设置为"VLAN1-ZONE" 2）地址分配范围为192.168.33.0/24，其中服务器地址使用192.168.33.201～192.168.33.210地址区间 3）地址租约设置为6天 4）为MAC地址是74-E4-0B-EF-5C-16的计算机保留192.168.33.88的IP地址 5）为客户机分配IP地址时同时指明默认网关192.168.33.1、DNS服务器192.168.33.203和8.8.8.8、该公司的域名beijingjianda.com.cn	20%

序　号	服务器需求	权　重
2	将server1配置成为文件服务器，具体要求如下： 1）建立manager用户（隶属于"领导"组）、user1～user10用户（隶属于"业务"组），user11～user20用户（隶属于"销售"组） 2）配置c:\jiandafiles为共享文件夹并设置权限，manager可以进行任何文件操作，user1～user20只能读取文件 3）设置文件服务器的会话空闲时间为5min	20%
3	将server2配置成企业防病毒软件中心服务器，具体要求如下： 1）安装360企业版杀毒软件 2）把server2设置为中心服务器 3）允许客户端进行病毒库增量更新 4）服务器每天8:00从互联网上下载病毒增量更新 5）把服务器设置成为内网计算机的补丁更新服务器，允许客户进行补丁更新	20%

测试与验收服务器

序　号	服务器需求	权　重
1	在客户机上测试DHCP是否分配到IP地址，记录IP地址、子网掩码、默认网关、租约时间、DHCP服务器、DNS服务器、域名	5%
2	在客户机上测试文件服务器： 1）使用manager用户登录，上传、修改、删除、下载文件，记录效果 2）使用user5用户登录，上传、修改、删除、下载文件，记录效果	10%
3	在客户机上测试企业防病毒软件中心服务器，将客户机病毒库、系统补丁更新源指向server2，升级病毒库、进行系统补丁更新	5%

单元总结

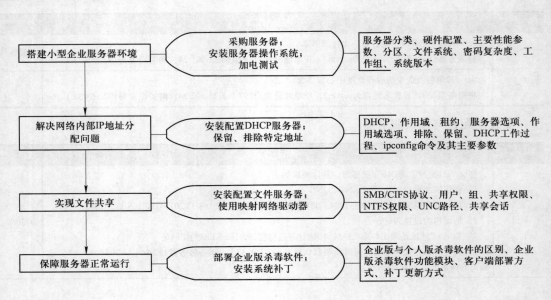

- 搭建小型企业服务器环境 → 采购服务器；安装服务器操作系统；加电测试 → 服务器分类、硬件配置、主要性能参数、分区、文件系统、密码复杂度、工作组、系统版本
- 解决网络内部IP地址分配问题 → 安装配置DHCP服务器；保留、排除特定地址 → DHCP、作用域、租约、服务器选项、作用域选项、排除、保留、DHCP工作过程、ipconfig命令及其主要参数
- 实现文件共享 → 安装配置文件服务器；使用映射网络驱动器 → SMB/CIFS协议、用户、组、共享权限、NTFS权限、UNC路径、共享会话
- 保障服务器正常运行 → 部署企业版杀毒软件；安装系统补丁 → 企业版与个人版杀毒软件的区别、企业版杀毒软件功能模块、客户端部署方式、补丁更新方式

左侧竖排：学习单元 1

单元考核评价表

考 核 内 容	评 价 标 准
搭建小型网络服务器环境	1）塔式服务器选购满足企业资金、使用需求 2）安装Windows Server 2003操作系统时的设置信息填写正确 3）完成加电测试，记录服务器硬件信息
利用服务器解决企业内部地址分配问题	1）DHCP服务器安装及时、准确 2）DHCP地址池范围设置正确 3）DHCP服务器排除专用设备IP准确，范围合适 4）为特定计算机保留IP地址设置正确 5）DHCP服务器单点故障预防方案选取正确 6）用户计算机能够获得IP地址信息 7）DHCP服务器测试无异常，设置满足企业需求，并考虑到了未来扩容需要
利用服务器解决企业内部文件共享问题	1）用户账户设置与企业人员一致 2）根据不同的共享需要设置了不同的共享权限 3）文件服务器安装及时、准确 4）正确使用读取、写入、完全控制权限 5）在客户端上能够访问文件服务器
保障服务器正常运行	1）正确安装杀毒软件 2）病毒库升级及时 3）系统补丁安装及时

UNIT 2

配置中型企业服务器

PEIZHI ZHONGXING QIYE FUWUQI

随着计算机网络的迅猛发展，Internet已经延伸到全球的各个角落，渗透到了人类社会的每个领域以及人们日常生活的方方面面。

微软作为服务器操作系统生产商之一，在不断对Windows Server系统进行更新，Windows Server 2008 R2以其强大的功能、比Windows Server 2003系列更友好的管理界面，受到了很多系统管理员的好评，并在他们的企业中得到应用。

目前，Internet的WWW（万维网）服务更是得到了广泛的应用，许多企业建立了网站。域名有很多，简短有意义的域名却很少，那些所谓"好"的域名已经成为了紧缺资源。为此，很多公司投入动辄百万、甚至千万元来购买或收购他们想要的域名。究其根本原因，是在费尽心思迎合用户的使用习惯，因为多数用户都是通过域名形式访问互联网资源的。

有了好的域名，就需要一个网站。这对一个公司很有必要，它可以展示企业形象、发布产品资讯、发布信息等。网站做好之后如何发布，成为了系统管理员需要考虑的问题。小型企业选择租用服务器空间，中型企业会将自己的服务器交由主机运营商托管，如果考虑成本、可管理性以及信息的随时更新，则需要在自己公司内网的服务器上发布网站。

此外，即时通信技术拉近了人与人之间的距离，QQ、微信等软件的应用给企业与用户、员工之间提供了更多的沟通渠道。构建一个属于公司的交流平台也成为了很多企业的一个重要工作，既能实时通信，节省相关通信费用，也能体现企业组织结构，使上下级间通信更加顺畅，同时具备系统广播、发送信息、发送文件等功能。

FTP服务器作为一种文件服务器可以同时支持内、外网文件存储，支持用户验证、虚拟目录等。在各种"云盘"充斥市场的今天，FTP服务器依然是企业构建存储空间用以交换文件的不二之选。

本单元将要介绍上述的网络服务是如何实现的。

1）能够提炼服务器方案有效信息。
2）能够对机架式服务器产品进行到货验收。
3）能够检测服务器的硬件组成部件和硬件参数。
4）能够安装服务器操作系统Windows Server 2008 R2。
5）能够利用服务器实现内网域名解析。
6）能够利用IIS实现网站发布。
7）能够利用RTX搭建和部署公司内部即时通信系统。
8）能够利用IIS搭建FTP服务器实现文件存储。
9）具备良好的职业道德与科学的工作态度，合理为用户分配网络资源。

蓝天公司新采购了5台机架式服务器，即将到货，需要准备接收工作。另外，该型号服务器并没有安装操作系统，需要在服务器到货后，为其选择一款操作系统。

购买这些机架式服务器，准备在公司的网络中构建内部信息平台。考虑到大多数员工使用域名形式访问服务器的习惯，系统管理员需要对公司内部的Web服务器、FTP服务器和即时通信服务器等进行域名解析，方便公司内部信息交流，便于员工使用。

蓝天公司已经委托网站设计公司为他们建立了内网平台，网站已经开发完成，准备在公司的服务器上发布网站，还要考虑并购来的万通公司的网站存放问题。

随着业务的发展，员工数量达到180人，部门组织也变得多样，员工间和企业上下级间的信息沟通方式，多采用电话、QQ和电子邮件方式。利用这几种沟通方式，在一定程度上帮助了企业进行信息传递，但在紧急和重要信息发布上，存在滞后问题。公司急需构建一个加强工作交流的平台，既能实时通信，节省相关通信费用，也能体现企业组织结构，使上下级间通信更加顺畅，同时具备系统广播、发送信息、发送文件、粘贴屏幕、多人分组讨论等功能。

公司文件交换的需求逐渐提升，急需存储公共文件的空间和个人用户空间。公共数据空间能让指定的经理上传文件，其他用户只能下载。用户空间为用户私有空间，可上传、下载文件。

项目1　搭建中型网络服务器环境

项目描述

公司新采购了一台浪潮英信服务器，即将到货，需要准备接收工作。另外，该款服务器并没有安装操作系统，需要在服务器到货后，为该款服务器选择一款操作系统。该服务器配置方案见表2-1。

表2-1　服务器配置方案

服务器型号	浪潮英信服务器NF5280M3
CPU类型	Intel Xeon E5-2609 4核主频2400MHz
CPU构架	64位
最大CPU数	2个
虚拟化技术	Intel VT
内存类型	DDR3
内存	16GB
最大内存数	768GB
磁盘控制器	集成SATA磁盘控制器，可选8通道SAS 3Gb及6Gb磁盘控制器
RAID	集成的SATA磁盘控制器支持RAID 0/1/10/5 SAS磁盘控制器支持RAID 0/1/10，通过可选组件可升级支持RAID 5/50 可选扩展支持RAID 0/1/5/6/10/50/60的、具备缓存的高性能SAS RAID控制器并可扩展缓存保护蓄电池
存储	最大支持24个热插拔2.5SATA/SAS接口硬盘或固态硬盘

知识链接

什么是VT、RAID、SAS、SATA

- Intel VT技术。Intel 的Virtualization Technology（虚拟化技术）可以让一个CPU工作起来就像多个CPU并行运行，从而使在一部计算机内同时运行多个操作系统成为可能。
- RAID。Redundant Array of Independent Disks（独立磁盘冗余阵列）是把相同的数据存储在多个硬盘的不同地方。通过把数据放在多个硬盘上，输入/输出操作能以平衡的方式交叠，改良性能。因为多个硬盘增加了平均故障间隔时间（MTBF），储存冗余数据也增加了容错。
- SAS和SATA接口。SAS是新一代的SCSI技术，和现在流行的Serial ATA（SATA）硬盘相同，都是采用串行技术以获得更高的传输速度，并通过缩短连接线来改善内部空间等。

 项目分析

对于接收新设备，公司已经形成了一套验收流程，网络管理员只需要按照验收流程就可以完成接收工作。

对于操作系统的选择，需要考虑在保证操作系统版本为主流操作系统的前提下，发挥服务器的最佳性能。考虑到当前主流的服务器操作系统为Windows Server 2008 R2，从微软官方网站上获取其硬件配置要求，见表2-2。

表2-2　Windows Server 2008 R2硬件配置要求

硬　件	需　求
处理器	最低1.4GHz，x64处理器
内存	最低：512MB 最高： Foundation（基础）支持到8GB Web、Standard支持到32GB Enterprise、Datacenter、Itanium支持到2TB
硬盘	最少32GB
显示设备	Super VGA（800×600）或更高分辨率显示器

结合"相关知识1：Windows Server 2008 R2家族系列"，将服务器的配置方案与安装Windows Server 2008 R2的硬件配置要求进行比较，在处理器方面，浪潮英信服务器NF5280M3采用Intel Xeon（至强）E5-2609 4核64位处理器，其主频达到了2 400MHz，满足安装Windows Server 2008 R2的最低1.4GHz和64位的要求。在内存方面此款服务器标配16GB的DDR3内存，最大可扩展到768GB，通过对比Windows Server 2008 R2的安装要求，可以看出此款服务器能支持到Enterprise、Datacenter和Itanium版本。综合考虑所支持的3个版本，选择Enterprise版本，能够在满足企业应用服务如DNS、Web等需求的同时，最大化发挥服务器性能，并为以后扩展CPU数量和内存容量留出余地。

具体的项目流程，如图2-1所示。

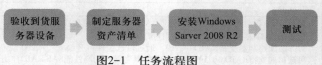

图2-1　任务流程图

学习单元2

任务描述

　　蓝天科技公司新采购的浪潮服务器即将到货，公司要求网络管理员负责对到货的服务器进行验收，并在验收后，制作该服务器的资产清单。

 任务分析

　　在服务器的验收过程中，需要首先查看产品的外包装是否有破损，若有破损可拒绝接收。外包装无破损方可进行开箱，检查箱内设备是否齐全。最后对设备进行加电测试，测试设备能否正常工作。当顺利通过以上3个过程后，可以根据实际的验收情况填写《设备验收报告》。具体任务流程如图2-2所示。

图2-2　设备验收流程

 任务实施

步骤1　产品外包装检查

　　检查设备外包装是否完整，如图2-3所示。产品外包装良好，没有出现外包装损坏。

经验分享

保留好包装箱

外包装至少保留3个月，以便产品出现问题时返厂更换。

步骤2　核对数量和型号

　　检查所购服务器数量是否与预定数量一致，核对型号是否一致。所购型号与到货型号一致，为浪潮英信服务器NF5280M3，如图2-4所示。

图2-3　浪潮服务器外包装

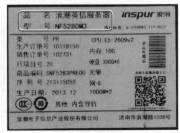

图2-4　外包装标签

步骤3　拆箱

　　将服务器放于平整处，打开包装箱，服务器各组件间用软泡沫分隔，如图2-5所示。

步骤4　清点用户手册包装盒内清单

1）找到放置用户手册等资料的包装盒，包装上注释"非最终用户请勿打开"，如图2-6所示。

 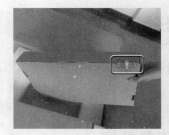

图2-5　开箱后内部组件摆放结构　　　　图2-6　用户手册等资料包装盒

2）打开包装盒，内有装箱清单配置列表和用户手册若干，电源线两条，如图2-7所示。

3）依据所提供的装箱清单配置列表，核对并记录是否包含《服务器用户手册V1.0》《服务器快速使用指南V2.0》《服务器服务手册B-V5.1_08》《睿捷服务器套件用户手册V5.0B》、睿捷服务器套件光盘、浪潮驱动程序光盘、RAID卡驱动程序光盘，如图2-8所示。

 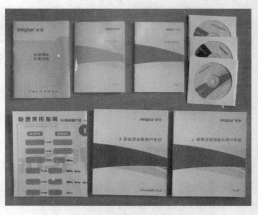

图2-7　用户手册等资料　　　　　　图2-8　用户手册相关清单

步骤5　检查导轨

检查轨道数量及是否能正常使用，并在装箱清单配置列表中进行记录，如图2-9所示。

图2-9　检查导轨

经验分享

导轨的作用

导轨一般用于服务器上架，通常机架式服务器要使用导轨，方便服务器的安装与检测。

步骤6　检查主机

1）查看服务器前面板，可以看到，此款服务器共提供24个2.5in的硬盘位，如图2-10所示。

图2-10　服务器前面板

2）此款服务器的硬盘位可通过面板上的蓝色提杆将硬盘拔出，如图2-11所示。

3）通过查验服务器硬盘，该款服务器共标配了6块、单块300GB的SCSI接口硬盘，如图2-12所示。

图2-11　使用提杆拔出硬盘

图2-12　服务器硬盘清单

温馨提示

注意硬盘上的序号

要根据硬盘上的ID号安装硬盘，如不按此顺序安装，会造成数据丢失。

4）检查服务器背板，查看电源配置情况，如图2-13所示。通过查看服务器背板，可看到该款服务器标配了两个电源模块，使用电源旁的蓝色提杆，可以将电源取出，确定两个电源的功率均为730W，如图2-14所示。

5）验收完成后，在装箱清单配置列表上标注验收情况，如图2-15所示。

图2-13　服务器背板

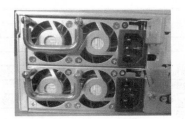

图2-14　服务器电源接口

图2-15　装箱清单配置列表

任务测试

步骤1　加电测试服务器

接通服务器电源线，确保服务器能够进入初始化界面，一般为BIOS界面或带有厂商商标的界面。

步骤2　填写设备验收报告

根据本任务的验收结果，填写设备验收报告，填写内容如图2-16所示。

设备验收报告

收货单位：蓝天科技公司

项目名称：	新购服务器	到货数量：	1（套）
一、设备到货验收			
1、货物完整性检测	浪潮英信服务器NF5280M3 一台，不含显示器	合格☑	不合格□
2、开机检测	开机显示正常，自检顺利通过，无故障灯亮起	合格☑	不合格□
3、操作系统	是否含有操作系统，若含有能否正常启动	无操作系统☑	有操作系统，但不能启动。□ 有操作系统，并能正常启动。□
二、设备主要配置检验			
1、处理器	两颗 Intel Xeon E5-2609	合格☑	不合格□
2、内存	16GB DDR3	合格☑	不合格□
3、硬盘	6 块，单块 300GB 的 SCSI 硬盘。	合格☑	不合格□
4、存储控制器	1 个 Raid 控制器	合格☑	不合格□
5、网卡	2 个千兆网口	合格☑	不合格□
备注			
设备检验结果良好，同意接收。			
验收方签字（盖章）： 张亮 2013 年 12 月 1 日			

图2-16　蓝天公司服务器验收报告

步骤3　制作资产清单

制作服务器资产清单，清单中要反映设备的详细信息，清单内容见表2-3。

表2-3　服务器资产清单

设备名称：**服务器**　　设备编号：Server1

设备负责人	张亮	
设备型号	浪潮英信服务器NF5280M3	
存放区域	中心机房2架	
用途	应用程序服务器	
基本配置	处理器	两颗Intel Xeon E5-2609
	内存	16GB DDR3
	硬盘	6块，单块300GB的SCSI硬盘
	电源	2个730W
维修记录		

学习单元2

任务拓展

实践

在互联网上查找相关资料，比较服务器CPU和PC的CPU的差别。

在互联网上查找一款与蓝天公司硬件配置相当的服务器，制作一个资产清单。

思考

资产清单对企业的意义是什么？

任务2　为服务器安装Windows Server 2008 R2

任务描述

经过对比和分析，为新购买的浪潮英信服务器NF5280M3安装操作系统，操作系统选择为Windows Server 2008 R2的Enterprise（企业版）。公司已经购买了该版本的正版软件。

任务分析

在安装Windows Server 2008 R2的过程中，要经过选择安装版本、确定安装类型、选择安装分区和开始安装4个过程。在选择安装版本时，要从4个版本共8种类型中确定本次安装的版本；在确定安装类型时，要选择是对现有系统的升级，还是进行全新安装；具体任务流程如图2-17所示。

图2-17　任务实施流程

任务实施

步骤1　启动计算机

在计算机启动后，放入Windows Server 2008 R2系统安装光盘，出现如图2-18所示的对话框。选择"要安装的语言""时间和货币格式""键盘和输入方法"后，单击"下一步"按钮。

Windows Server 2008与Windows Server 2008 R2有何区别？

Windows Server 2008是和Windows Vista同时发布的，作为Windows Vista对应的服务器版本，所以Windows Server 2008的版本号和Windows Vista的版本号相同，都是Windows NT 6.0。

Windows Server 2008 R2是和Windows 7同时发布的，作为Windows 7对应的服务器版本，与Windows 7的版本号相同，都是Windows NT 6.1。

另外，Windows Server 2008 R2只有64位版本。

步骤2　开始安装

打开如图2-19所示的对话框，在此对话框中，可以选择对现有系统进行修复，也可以查看"安装Windows须知"。单击"现在安装"按钮，安装程序会立即启动，无需用户操作，等待即可。

图2-18　选择安装的语言

图2-19　选择安装或修复

步骤3　选择版本

在"选择要安装的操作系统"对话框中选择要安装的操作系统版本，如图2-20所示。此处选择"Windows Server 2008 R2 Enterprise（完全安装）"，然后单击"下一步"按钮。

什么是完全安装与服务器核心安装

完全安装是一般的安装模式，完成安装后，Windows Server 2008 R2内置图形用户界面（GUI）。完全安装后的Windows Server 2008 R2可以充当各种服务器角色，例如，DHCP服务器、DNS服务器、域控制器等。

在服务器核心安装模式下，Windows Server 2008 R2仅提供最小化的环境，是一个最小限度的系统安装选项。在该模式下，只能在命令提示符或Windows PowerShell内使用命令来管理系统。仅支持部分服务器角色，例如，域控制器、DHCP服务器、DNS服务器、文件服务器、打印服务器、Web服务器、Windows媒体服务、Hyper-V等。

步骤4　接受许可协议

在如图2-21所示的对话框中，选择"我接受许可条款"复选框，然后单击"下一步"按钮。

步骤5　选择安装类型

在"您想进行何种类型的安装"对话框中，选择"自定义（高级）"，如图2-22所示。

步骤6　进行磁盘分区、格式化

1）打开如图2-23所示的安装位置选择对话框，单击"驱动器选项（高级）"链接。

学习单元2

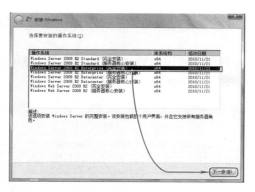

图2-20 "选择要安装的操作系统"对话框

图2-21 "请阅读许可条款"对话框

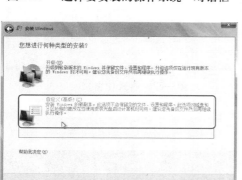

图2-22 选择安装类型

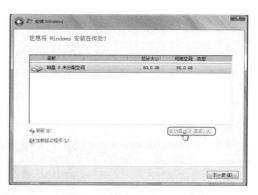

图2-23 选择安装位置

经验分享

何时单击"加载驱动程序"和"驱动器选项（高级）"

若需要安装驱动程序才可以访问磁盘，则要单击"加载驱动程序"；若要进一步管理磁盘分区，例如，对分区进行删除、格式化、创建主分区等，要单击"驱动器选项（高级）"。

2）打开如图2-24所示的对话框，单击"新建"链接，在磁盘0上进行分区。

3）输入新创建的分区大小，单击"应用"按钮创建分区，如图2-25所示。

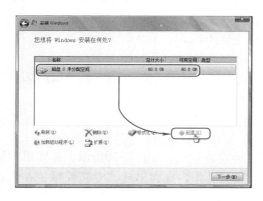

图2-24 创建分区

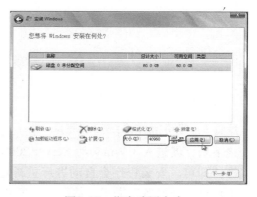

图2-25 指定分区大小

4）提示Windows可能要为系统文件创建额外的分区，单击"确定"按钮，关闭提示信息，如图2-26所示。

5）可看到Windows为系统文件创建了一个大小为100MB的额外分区。在"磁盘0分区2"处于被选中状态时，单击"格式化"链接，如图2-27所示。

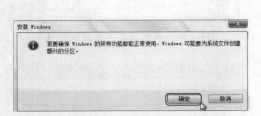

图2-26　提示创建额外分区

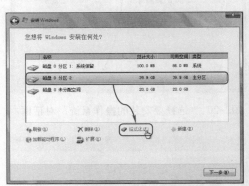

图2-27　格式化窗口

经验分享

为什么会有100MB的引导分区

当使用Windows Server 2008 R2自带分区工具进行分区操作的时候，默认会在硬盘里生成一个100MB大小的系统引导分区，这个分区主要用来保存系统启动的相关文件。

6）系统会弹出提示，提示格式化的目标分区数据将丢失，此时单击"确定"按钮，如图2-28所示。

7）格式化完成后会显示当前分区情况，单击"下一步"按钮，如图2-29所示。

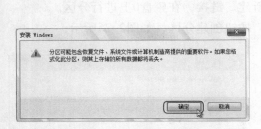

图2-28　格式化确认提示

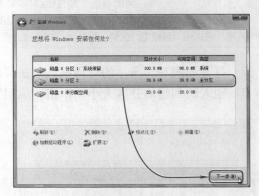

图2-29　当前分区情况

步骤7　等待操作系统安装完成

接下来，就进入了Windows Server 2008 R2自动安装模式，如图2-30所示。无需用户操作，等待即可。安装程序会自动进行重新启动计算机操作，直到出现"安装程序正在为首次使用计算机作准备"提示，如图2-31所示。

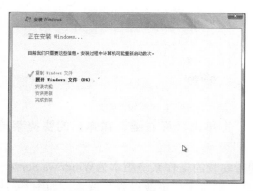

图2-30　正在安装Windows

图2-31　为首次使用计算机作准备

步骤8　修改管理员账户、密码，登录系统

1）当出现"用户首次登录之前必须更改密码"提示时单击"确定"按钮，如图2-32所示。

2）输入两次管理员账户的用户密码（此处必须是强密码），需要满足Windows Server 2008的密码复杂度要求，然后单击"→"按钮完成设置，如图2-33所示。

经验分享

如何更改密码复杂度要求

可以执行"本地安全策略"→"账户策略"→"密码策略"命令，将"密码必须符合复杂性要求"的安全设置改为"已禁用"，就可以在创建密码时不按其复杂度要求进行创建了。

3）系统提示密码已经成功更改，单击"确定"按钮，如图2-34所示。

图2-32　提示更改密码

图2-33　输入密码

图2-34　密码更改成功

4）系统会进入Windows Server 2008 R2的桌面，如图2-35所示。至此，Windows Server 2008 R2操作系统安装完成。

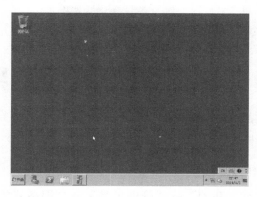

图2-35　Windows Server 2008 R2桌面环境

任务测试

步骤1　更改计算机名称

1）打开"开始"菜单，在"计算机"上单击鼠标右键，在弹出的快捷菜单中选择"属性"命令，如图2-36所示。

2）在打开的系统对话框中，可以看到所安装的操作系统版本为Windows Server 2008 R2 Enterprise版。如果需要更改计算机名等信息，则单击"更改设置"链接，如图2-37所示。

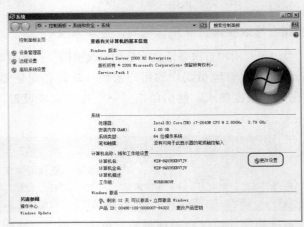

图2-36　查看计算机属性　　　　　　　图2-37　系统属性窗口

3）在打开的"系统属性"对话框中，单击"更改"按钮，如图2-38所示。

4）在"计算机名/域更改"对话框中，输入新的计算机名"server1"，然后单击"确定"按钮，如图2-39所示。

5）提示计算机必须重新启动才能应用更改，单击"确定"按钮进行重新启动，如图2-40所示。

图2-38　"系统属性"对话框　　　图2-39　"计算机名/域更改"对话框　　　图2-40　提示重新启动

步骤2　更改计算机IP地址

1）重新启动后，执行"开始"→"管理工具"→"服务器管理器"命令，打开"服务器管理器"窗口，单击"查看网络连接"链接，如图2-41所示。

图2-41　服务器管理器

2）在打开的"网络连接"窗口中双击"本地连接网络2"图标，如图2-42所示。

图2-42　网络连接窗口

3）在打开的"本地连接状态"对话框中单击"属性"按钮，如图2-43所示。

4）在打开的"本地连接属性"对话框中选择"Internet 协议版本4（TCP/IPv4）"，然后单击"属性"按钮，如图2-44所示。

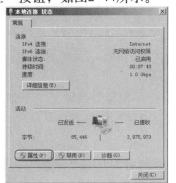
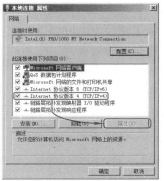

图2-43　本地连接状态　　　　　　　图2-44　本地连接属性

5）打开"Internet 协议版本4（TCP/IPv4）属性"对话框，在其中输入本机IP地址和子网掩码，输入完毕后单击"确定"按钮，如图2-45所示。

步骤3　查看计算机名称和IP地址信息

执行"开始"→"管理工具"→"服务器管理器"命令，打开"服务器管理器"窗口，可以看到所设置的计算机名称和IP地址信息，如图2-46所示。

图2-45　设置属性　　　　　　　图2-46　查看信息

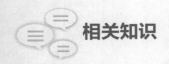

相关知识

1. Windows Server 2008 R2家族系列

Windows Server 2008 R2家族系列都是64位的操作系统，不支持32位。具体版本有：

（1）Windows Server 2008 R2 Foundation（基础版）

该版本适用于小型企业，是整个家族中成本最低廉、部署最容易的版本，提供了中小企业应用最多的文件与打印共享、远程访问等服务，小型企业可以利用它运行常见的服务，实现信息和资源的共享。

（2）Windows Server 2008 R2 Enterprise（企业版）

该版本为重要应用和服务提供了一种成本较低的可靠支持，内置了虚拟化技术，增加了在节电以及管理方面的新功能。最大支持2TB内存，最大支持8颗x64处理器，没有连接数限制，适用于中型企业。

（3）Windows Server 2008 R2 Datacenter（数据中心版）

该版本是一个企业级的平台，可以用来部署关键服务，在各种服务器上部署大规模的虚拟化方案，除了拥有Windows Server 2008 R2 Enterprise（企业版）的所有功能外，还支持更大的内存与更好的处理器，它可以支持最多64个处理器。

（4）Windows Web Server 2008 R2（网页服务器版）

该版本主要用来架设网站服务器，为Web应用程序和服务提供了一个强大的平台。它拥有多功能的IIS 7.5，是一个专门面向Internet应用而设计的服务器。

（5）Windows HPC Server 2008

该版本是HPC（High-Performance Computing，高性能计算）的下一版本，为高效率的HPC环境提供了企业级的工具，该版本可以有效地利用上千颗处理器核心。

（6）Windows Server 2008 R2 for Itanium-Based Systems（Itanium系统版本）

该版本是一个企业级的平台，针对Intel Itanium处理器所设计的操作系统，用来支持网站与应用程序服务器的搭建。

2. 为Windows Server 2008 R2选择磁盘分区

（1）主分区、扩展分区和逻辑分区

使用新硬盘前，需要对硬盘进行分割，将硬盘分割为各个区域，这些区域成为磁盘分区。在磁盘管理中，将一个硬盘分为主分区和扩展分区。主分区是能够启动计算机的分区，包含操作系统启动所必需的文件和数据。

在1个MBR（Main Boot Record，主引导记录）分区表类型的硬盘中，最多只能有4个主分区。如果1个硬盘上需要4个以上的分区，则需要使用扩展分区。1个物理硬盘上最多只能有3个主分区和1个扩展分区。扩展分区不能直接使用，必须二次分割为逻辑分区，然后才能使用，一个扩展分区中的逻辑分区数目没有限制。

（2）为Windows Server 2008 R2选择磁盘分区

1）将整个未作分区的硬盘作为一个分区使用。对于全新硬盘（或未经分区的硬盘），可以使用整个磁盘空间作为一个磁盘分区，将Windows Server 2008 R2安装到此磁盘分区中，如图2-47所示。

2）将整个未作分区的硬盘的部分空间作为一个分区使用。分区后，将Windows Server 2008 R2安装到新划分的区域，其余未划分的空间可以用来存储数据或安装其他操作系统，如图2-48所示。

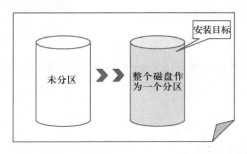
图2-47　将整个磁盘空间作为一个分区

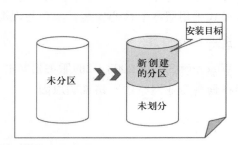
图2-48　将整个磁盘空间的一部分划分为一个分区

3）在已有Windows Server操作系统的分区上，安装Windows Server 2008 R2，可选择升级安装或者全新安装，如图2-49所示。

升级原Windows操作系统。使用此方式，原操作系统会被Windows Server 2008 R2替代，原操作系统的文件、设置和程序将被保留在新操作系统内，常规数据文件也会被保留。升级选项仅在运行现有版本的Windows操作系统时才有用，建议先备份文件，再选择这种升级方式。

不升级原Windows操作系统，进行全新安装。此磁盘分区内原有的文件会被保留，但现有的Windows操作系统所在文件夹（一般为Windows）会被移动到Windows.old文件夹内。安装程序会将Windows Server 2008 R2安装到此分区的Windows文件夹中。

4）若磁盘内已经有其他Windows操作系统，并且磁盘还有其他未划分空间，则可以将Windows Server 2008 R2安装到此未划分空间上。利用这种方式，用户可以为已有的Windows操作系统和新安装的Windows Server 2008 R2创建多重启动选项，如图2-50所示。

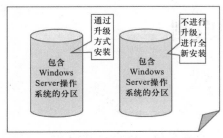
图2-49　对现有操作系统进行升级或全新安装

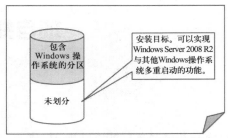
图2-50　保留现有操作系统，实现多重启动

温馨提示

删除或格式化分区会导致数据丢失
在安装过程中，对分区进行删除或格式化，会导致分区内的数据丢失。

学习单元2

任务拓展

实践

在上述任务中，有20GB的未划分空间，请在该空间上安装Windows Server 2008 R2，安装模式采用服务器核心安装，实现与现有操作系统的多重启动。

思考

Windows Server 2008 R2的服务器核心安装（俗称为Windows Server 2008 R2 Core）一般用在何种企业网络中？请说明原因。

项目总结

通过完成本项目，了解了服务器收货验收的流程，掌握了设备验收报告和服务器资产清单的使用方法。在安装Windows Server 2008 R2的过程中，了解了Window Server 2008 R2各种版本的特点，掌握了安装方法。

在项目实施过程中，按照服务器的验收流程，对服务器进行收货检验；依据服务器的性能及企业需求，为服务器选定操作系统；在确定服务器版本后，对服务器硬盘进行分区并安装操作系统，同时掌握了对硬盘进行分区的方法。

本项目的两个任务中，在服务器的验收环节，要树立安全意识和规范意识，对服务器的验收严格依据验收流程。在为服务器选择操作系统的过程中，养成成本意识，在现有条件下发挥服务器的最佳性能。

项目知识自测

1）浪潮英信服务器NF5280M3提供了（　　　）个硬盘位，硬盘尺寸为（　　　）。

　　A．6个　　　　　　B．24个　　　　　　C．23个　　　　　　D．3.5in

　　E．1.4in　　　　　F．2.5in

2）Xeon是指Intel什么系列的CPU？

　　A．酷睿　　　　　B．奔腾　　　　　　C．赛扬　　　　　　D．至强

3）下列关于Windows Server 2008 R2描述正确的有？（选3项）

A．Windows Server 2008 R2是与Vista同时发布的

B．Windows Server 2008 R2是与Windows 7同时发布的

C．Windows Server 2008 R2系统版本有32位和64位两种

D．Windows Server 2008 R2系统版本只有64位

E．Windows Server 2008 R2的系统版本号是Windows NT 6.1

4）Windows Server 2008 R2家族的版本有？（选6项）

A．Windows Server 2008 R2 Foundation （基础版）

B．Windows Server 2008 R2 Enterprise （企业版）

C．Windows Server 2008 R2 Datacenter （数据中心版）

D．Windows Web Server 2008 R2 （网页服务器版）

E．Windows Web Server 2008 Professional （专业版）

F．Windows HPC Server 2008

G．Windows Server 2008 R2 for Itanium-Based Systems （Itanium系统版本）

5）对于磁盘分区描述正确的有？（选3项）

A．新磁盘在使用前，必须进行分区。

B．扩展分区是能够启动计算机的分区，包含操作系统启动所必需的文件和数据。

C．可以将硬盘分为主分区和扩展分区，扩展分区不能直接使用，需要以逻辑分区的形式使用。

D．一个硬盘最多能有4个主分区。一个物理硬盘上最多只能有3个主分区和1个扩展分区。

6）安装Windows Server 2008 R2可以选择哪些安装方式？（选2项）

A．完整安装　　　B．自定义安装　　　C．默认安装　　　　　D．服务器核心安装

7）Windows Server 2008 R2可以安装到哪种格式的分区中？

A．FAT　　　　　B．FAT32　　　　　C．NTFS　　　　　D．EXT2

8）下列哪种密码，可以用于Windows Server 2008 R2的登录密码？

A．123!@#　　　　　　　　　　　B．xxgl123%

C．abcdefghigklmn123456789　　　D．123456

项目2　为计算机实现域名解析

项目描述

　　蓝天公司准备在现有网络中构建内部信息平台。考虑到大多数员工使用域名形式访问服务器的习惯，系统管理员需要对公司内部的Web服务器、FTP服务器和邮件服务器等进行域名解析，以方便公司内部信息交流，便于员工使用。

项目分析

TCP/IP通信基于IP地址，但普通用户使用IP地址访问网站是非常困难的，大多数使用者都是通过域名形式访问，然后通过一定规则将域名解析为IP地址来实现网络访问。DNS（Domain Name System，域名系统）就是一种标准的名称解析方式，Windows Server 2008 R2操作系统中的DNS服务器角色可提供域名解析服务。

本项目要完成DNS服务器和客户端安装、配置和实现域名解析，项目实施流程如图2-51所示。

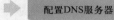 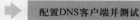

图2-51　项目实施流程

　知识链接

什么是DNS、域名是怎么解析的

DNS完成域名解析的功能，就是将域名转换为IP地址的过程。在默认情况下，一个域名不可对应多个IP地址，而多个域名可以同时被解析到一个IP地址。域名解析需要由专门的域名解析服务器来完成。

DNS名称的解析方法主要有两种：

（1）通过hosts文件解析

这是最原始的一种查询方式，它是由人工进行输入、删除、修改所有DNS名称与IP地址对应数据。更新对应关系需要逐一手工修改，不适用于计算机数量较多的网络环境。hosts文件位于%SYSTEMROOT%\System32\Drivers\Etc目录中，是一个纯文本文件。

（2）通过DNS服务器解析

DNS服务器在互联网中是以多台服务器的形式存在的，但是怎么访问网站服务器呢？这就需要给每个站点分配IP地址，用户不可能记住每个网站的IP地址，每个站点有它自己的IP地址到计算机名的映射。把这一映射都放入一个可供公开查询的数据库，任何人想查找该站点中对应主机名的IP地址时，只需简单地查询该站点的数据库。这就产生了方便记忆的域名管理系统，可以把好记的域名转换为要访问的服务器的IP地址。

　趣图学知

使用域名访问网页时需要经过DNS查询

某用户在客户端使用浏览器访问www.sohu.com时要知道搜狐服务器的IP地址，首先他要查询自己的本地hosts文件，hosts文件默认只有一个指向localhost的记录，这时客户端会向DNS服务器发出查询请求，DNS服务器收到后会在自己的数据库中找到www.sohu.com对应的IP地址，将结果返回给客户端，客户端再用得到的IP地址访问搜狐的服务器，过程示意如图2-52所示。

图2-52　客户端浏览网页经历的DNS查询过程

任务1 安装、配置DNS服务器（配微课）

任务描述

　　蓝天公司现有的服务器都是基于Windows操作系统的，同时新的业务需要在企业内部网络中安装DNS服务提供域名解析，在该公司现有的Windows Server 2008 R2服务器上可以实现这一功能。

任务分析

　　根据蓝天公司现有的网络环境，需要将一台Windows Server 2008 R2服务器配置成为DNS服务器。为服务器分配一个固定IP地址，添加"DNS服务器"角色来完成DNS服务器的安装，选择合适的域名，创建主要区域，对应的主机记录、别名记录，在大规模使用之前完成DNS服务器端自测。具体任务实施流程如图2-53所示。

图2-53　任务实施流程

任务实施

扫码看微课

步骤1　设计网络拓扑图

根据任务分析设计网络拓扑图，如图2-54所示。

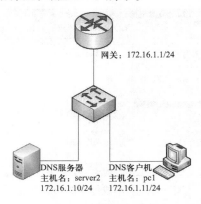

图2-54　网络拓扑图

步骤2　添加DNS服务器角色

1）执行"开始"→"程序"→"管理工具"→"服务器管理器"命令，如图2-55所示。

2）在"服务管理器"窗口中双击"角色"，然后单击"添加角色"链接，如图2-56所示。

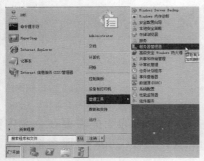

图2-55 服务器管理器 　　　　　　　　　　图2-56 添加角色

3）在"选择服务器角色"对话框中选中"DNS服务器"复选框，然后单击"下一步"按钮，如图2-57所示。

4）等待DNS服务器角色安装完成，直至在"安装结果"对话框中出现"安装成功"提示，单击"关闭"按钮，如图2-58所示。

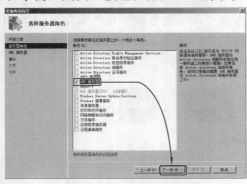

图2-57 选择服务器角色 　　　　　　　　　图2-58 安装结果

5）DNS服务器的停止和启用。打开"DNS管理器"，在服务器图标"SERVER2"上单击鼠标右键，在弹出的快捷菜单中选择"所有任务"→"启动"或"停止"命令来完成相应操作，如图2-59所示。

图2-59 启动或停止DNS服务器

经验分享

使用命令也可以完成DNS服务器的停止和启用

除使用图形界面的"DNS管理器"外，还可以在命令提示符下使用NET命令来完成DNS服务的停止或启动，停止DNS服务的命令为"net stop dns"，启动DNS服务的命令为"net start dns"。

步骤3　创建正向主要区域

1) 执行"开始"→"管理工具"→"DNS"命令。在服务器图标"SERVER2"上单击鼠标右键，在弹出的快捷菜单中选择"新建区域"命令，如图2-60所示。

2) 在"欢迎使用新建区域向导"对话框中，单击"下一步"按钮，如图2-61所示。

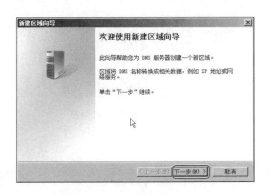

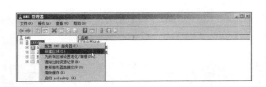

图2-60　"DNS管理器"对话框　　　　　图2-61　"欢迎使用新建区域向导"对话框

3) 在"正向或反向查找区域"对话框中，选中"正向查询区域"单选按钮，然后单击"下一步"按钮，如图2-62所示。

4) 在"区域名称"文本框中输入蓝天公司的域名"bluesky.com"，单击"下一步"按钮，如图2-63所示。

知识链接

什么是正向区域和反向区域？

DNS服务器有正向区域和反向区域，正向区域负责把域名解析为IP，而反向区域负责把IP解析为域名。

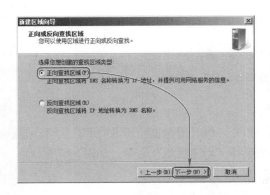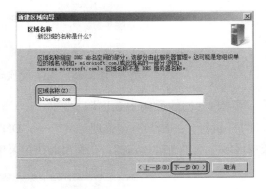

图2-62　"正向或反向查找区域"对话框　　　　　图2-63　"区域名称"对话框

5) 在"区域文件"对话框中显示了系统默认创建的区域文件，此处不作修改，直接单击"下一步"按钮，如图2-64所示。

6) 在"动态更新"对话框中使用默认设置"不允许动态更新"，单击"下一步"按钮，如图2-65所示。

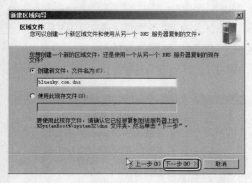

图2-64 "区域文件"对话框

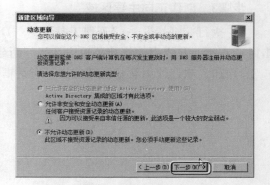

图2-65 "动态更新"对话框

知识链接

什么是DNS动态更新?

　　DNS动态更新是指当计算机对应主机名及IP 地址发生变动时，能自动更新DNS服务器上的A记录或者PTR记录，一般在Active Directory域环境中常用此项。

　　7）在"正在完成新建区域向导"对话框中可以看到区域的汇总信息，单击"完成"按钮，如图2-66所示。

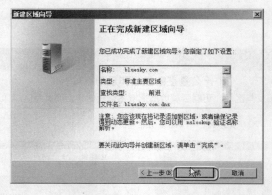

图2-66 "正在完成新建区域向导"对话框

　　步骤4　创建反向主要区域

　　1）执行"开始"→"管理工具"→"DNS"命令，展开服务器"SERVER2"，在"反向查找区域"上单击鼠标右键，在弹出的快捷菜单中选择"新建区域"命令，如图2-67所示。

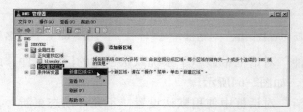

图2-67 "DNS管理器"窗口

2）在"欢迎使用新建区域向导"对话框中单击"下一步"按钮，如图2-68所示。

3）在"区域类型"对话框中选中"主要区域"单选按钮，然后单击"下一步"按钮，如图2-69所示。

 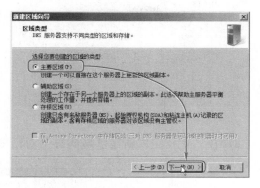

图2-68 "欢迎使用新建区域向导"对话框　　　图2-69 "区域类型"对话框

4）在"反向查找区域名称"对话框中选中"IPv4反向查找区域"单选按钮，然后单击"下一步"按钮，如图2-70所示。

5）在"网络ID"中输入"172.16.1"，然后单击"下一步"按钮，如图2-71所示。

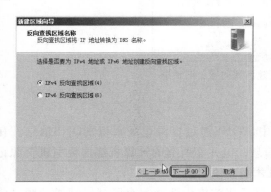 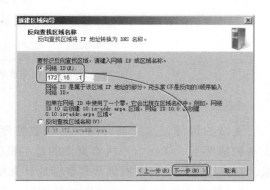

图2-70 "反向查找区域名称"对话框1　　　图2-71 "反向查找区域名称"对话框2

温馨提示

反向区域的个数应是正向区域对应的子网数

由于反向区域是以"网络ID"的形式作为区域文件保存的，正向区域中对应几个子网，就需要创建几个反向查找区域。例如，正向区域abc.com中存在对应172.16.1.0/24和172.16.2.0/24子网的解析记录，就需要在创建反向区域时分别创建对应子网的两个区域。

6）在"区域文件"对话框中可以看到默认的区域文件名"1.16.172.in-addr.arap"，无需修改，单击"下一步"按钮，如图2-72所示。

7）在"动态更新"对话框中，选中"不允许动态更新"单选按钮，然后单击"下一步"按钮，如图2-73所示。

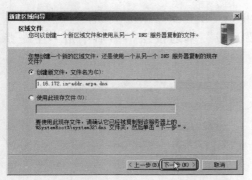

图2-72 "区域文件"对话框

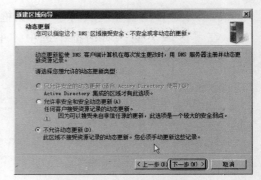

图2-73 "动态更新"对话框

8）在"正在完成新建区域向导"对话框中，单击"完成"按钮，如图2-74所示。

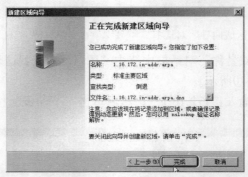

图2-74 "正在完成新建区域向导"对话框

步骤5 创建相应记录

区域的资源记录通常存储在区域数据库中，DNS通过资源记录来识别DNS信息。在大多数情况下，DNS客户机要查询的是主机信息，但并非所有的计算机都需要主机资源记录，在网络上以域名来提供共享资源的计算机才需要该记录。

1）新建主机记录。启动DNS管理器，在目录树窗格中选择一个区域、域或子域（此处以bluesky.com为例），在区域"bluesky.com"上单击鼠标右键，在弹出的快捷菜单中选择"新建主机（A或AAAA）"命令，如图2-75所示。

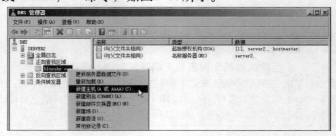

图2-75 "DNS管理器"窗口

知识链接

什么是主机记录?

主机记录，也称为A记录，是使用最广泛的DNS记录，A记录基本作用就是指明一个域名对应的IP。

在"新建主机"对话框的"名称"文本框中输入主机的名称，在"IP地址"文本框中输入主机对应的实际IP地址，如图2-76所示。

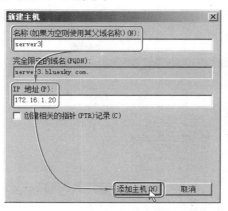

图2-76 "新建主机"对话框

主机记录的"名称"如何输入

主机记录，顾名思义应是主机名和IP地址的对应关系，也就是说如果区域baidu.com中某台服务器的主机名是server100，那么此时主机记录应是server100.baidu.com和该服务器IP对应关系。在实际使用过程中，有些管理员直接使用服务名做主机记录的对应关系，例如，www.baidu.com直接做主机记录的对应关系，虽然也能够解析，但并不符合主机记录的创建原则。

是否要选中"创建相关的指针（PTR）记录"

PTR（Pointer Record，指针记录）建立的是IP地址到域名的对应关系。在创建主机记录时选择"创建相关指针（PTR）记录"复选框，如果对应子网的反向区域已经创建，则此操作将在相应的反向区域中创建与主机记录对应的指针（PTR）记录，否则无法自动创建指针记录。

使用同样步骤创建其他主机对应的主机记录，创建完成后如图2-77所示。

图2-77 创建完成的主机记录

2）新建别名记录。在DNS控制台的窗口中选择一个区域、域或子域（例如，bluesky.com），在区域"bluesky.com"单击鼠标右键，在弹出的快捷菜单中选择"新建别名"命令，如图2-78所示。

在"别名"文本框中输入别名的名称（一般为服务），例如，"www"。在"目标主机的完全合格的域名"文本框中输入该别名对应的主机的域名全称，也可单击"浏览"按钮从DNS记录中选择，如图2-79所示。

在"浏览"对话框的记录列表框中，依次双击服务器"SERVER2"→"正向查找区域"，选择标准主要区域"bluesky.com"→主机记录"server3"，如图2-80所示，然后单击"确定"按钮，即完成了别名www到主机记录server3的指向关系。

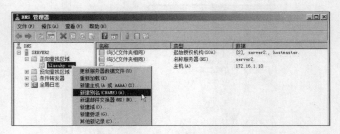

图2-78　"DNS管理器"窗口

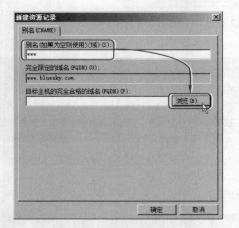

图2-79　新建别名记录

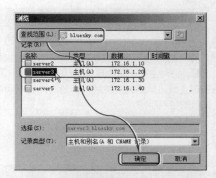

图2-80　选择别名对应的主机记录

采用同样的步骤，完成"rtx"和"ftp"两个别名记录的创建，创建结果如图2-81所示。

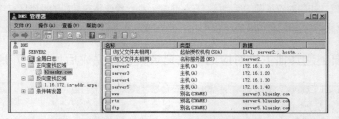

图2-81　创建完成的别名记录

3）新建指针记录。在"DNS管理器"中展开服务器和"反向查找区域"，在区域"1.16.172.in-addr.arap"上单击鼠标右键，在弹出的快捷菜单中选择"新建指针（PTR）"命令，如图2-82所示。

图2-82　"DNS管理器"窗口

在"新建资源记录"对话框中"主机IP地址"文本框中输入指针记录的IP地址"172.16.1.10"，在"主机名"文本框中输入主机名或单击"浏览"按钮选择（本任务中单击"浏览"按钮），如图2-83所示。

在"浏览"对话框中，依次双击服务器"SERVER2"→"正向查找区域"，选择标准主要区域"bluesky.com"→主机记录"server2"，如图2-84所示，然后单击"确定"按钮，即完成了指针IP"172.16.1.10"到主机记录server2的指向关系。

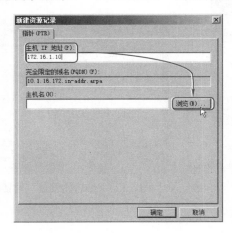

图2-83　新建指针记录

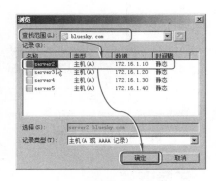

图2-84　选择指针对应的A记录

采用同样的步骤，完成"172.168.1.20""172.168.1.30"和"172.168.1.40"这几个指针记录的创建，结果如图2-85所示。

图2-85　创建完成的指针记录

步骤6　设置转发器（条件转发）

设置转发器到某一外网DNS服务器，这样就能使局域网的计算机能够使用域名形式访问互联网了。

在"DNS管理器"上，在服务器"SERVER2"上单击鼠标右键，在弹出的快捷菜单中选择"属性"命令。在"SERVER2 属性"对话框中选择"转发器"选项卡，单击"编辑"按钮，如图2-86所示。

　知识链接

什么是转发器

当客户端查询本地DNS服务器并不存在的DNS记录时，DNS服务器会将查询请求转到某一外网的公用DNS服务器上，这样本地DNS服务器上即使没有该区域的记录，客户端也能得到解析结果，这个公网DNS服务器就称为转发器。如果DNS服务器存在某一区域记录，而转发器中也存在，则解析结果以本地DNS为准。

在"编辑转发器"对话框中输入转发器（一般为某地区的公用DNS服务器）的IP地址，输入完成后按<Enter>键，编辑器会验证当前转发器是否可用，如图2-87所示。验证完毕后单击"确定"按钮。

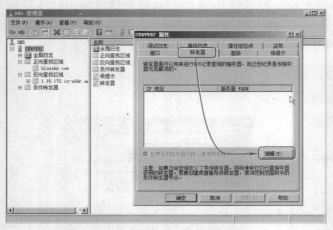

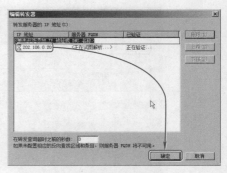

图2-86 设置转发器　　　　　　　　　　图2-87 "编辑转发器"对话框

任务测试

客户端大都已经安装了Windows XP或Windows 7操作系统，首先需要保证DNS客户机和DNS服务器连通，然后配置客户机TCP/IP的DNS选项，最后进行测试。

1）设置DNS客户机名和IP地址信息。以管理员身份登录DNS客户机，打开TCP/IPv4属性对话框，在"首选DNS服务器"中输入IP地址"172.16.1.10"，如图2-88所示。

2）测试域名解析。使用ping命令测试。在客户机的命令提示符窗口中输入ping命令测试DNS服务器的资源记录，如图2-89所示。

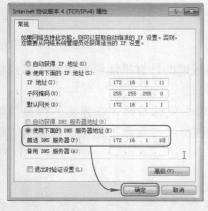

图2-88 TCP/IP属性　　　　　　　　　图2-89 使用ping命令测试DNS记录

使用nslookup命令测试。在客户机的命令提示符窗口中输入nslookup命令测试DNS服务器的资源记录，测试主机记录、别名记录和指针记录，分别如图2-90～图2-92所示。

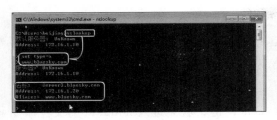

图2-90   nslookup测试主机记录

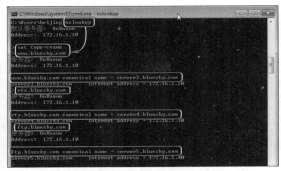

图2-91   nslookup测试别名记录

图2-92   nslookup测试指针记录

温馨提示

尽量采用nslookup测试方式

ping命令得到的结果是到一台服务器的IP地址通与不通，而nslookup是查看该域名有哪几台服务器提供服务。很多公司都使用了负载均衡技术，将用户的访问随机定到某一台服务器上，所以每次ping的结果可能不同，而nslookup则能看到所有提供服务的服务器IP地址。有些服务器的防火墙限制了ping入操作，所以ping某一域名不通并不代表客户端无法访问该服务器。

相关知识

1. DNS的域名空间

互联网采用了层次树状结构的命名方法。任何一个连接在互联网上的主机或路由器，都有一个唯一的层次结构的名字，即域名。域名解析需要由专门的域名解析服务器来完成。

在目前应用中主要使用两种名称体系：DNS名称体系和NetBIOS名称体系。DNS已成为互联网上通用的命名规范。DNS名称通常采用FQDN（Fully Qualified Domain Name，完全限定域名）的形式来表示，由主机名和域名两部分组成，域名的结构由若干个分量组成，各分量之间用点隔开，域名空间有一定的层次结构，一般可以分为根域、顶级域、子域和主机。

国家顶级域名：.cn表示中国，.us表示美国，.uk表示英国。

国际顶级域名：采用.int。国际性的组织可在.int下注册。

通用顶级域名：

.com表示公司企业

.net表示网络服务机构

.org表示非赢利性组织

.edu表示教育机构（美国专用）

.gov表示政府部门（美国专用）

.mil表示军事部门（美国专用）

2．nslookup命令的2种使用模式：交互模式与非交互模式.

非交互模式：在cmd命令中直接输入命令，返回对应的数据，例如，nslookup www.baidu.com，按<Enter>键。

交互模式：仅在命令行输入nslookup，按<Enter>键，就会进入nslookup的交互命令行，可输入域名、IP得到查询结果，也可使用参数"set type=a" "set type=cname" "set type=ptr"分别查询主机记录、别名记录、指针记录的结果，输入"exit"退出。

3．DDNS

DDNS是动态域名解析的意思，实现固定域名到动态IP地址之间的解析。用户每次访问互联网得到新的IP地址之后，安装在用户计算机里的动态域名软件就会把这个IP地址发送到动态域名解析服务器，更新域名解析数据库。互联网上的其他人要访问这个域名的时候，动态域名解析服务器会返回正确的IP地址。比较著名的DDNS有"花生壳动态域名"；但随着CNNIC（中国互联网信息中心）对地址解析备案的要求越来越严格，这些DDNS服务逐渐只在个人中使用。

 任务拓展

实践

1）使用"服务"控制台来停止或启动DNS服务。

2）在DNS服务器中新建邮件交换记录。

思考

1）局域网内部DNS服务器的作用是什么？

2）DNS正向查找区域和反向查找区域的区别有哪些？

任务2 实现DNS容错

 任务描述

随着蓝天公司的逐步发展，行业竞争的不断加剧，用户数量的不断增多，新业务需求的不断扩展，为了保证企业发生特殊情况主DNS服务器无法连接时，相关业务也能正常运行，有必要添加辅助DNS服务器以实现DNS容错。

任务分析

为了对蓝天公司内部计算机提供域名解析容错，有必要在该公司网络内部配置两个DNS服务器：主DNS服务器和辅DNS服务器。辅助区域用来存储主区域的副本，提供域名解析时的容错。

任务实施

步骤1　设置主DNS服务器允许传送区域记录

1）登录主DNS服务器，在"DNS管理器"中依次展开服务器"SERVER2"→"正向查找区域"，在要进行容错操作的区域"bluesky.com"上单击鼠标右键，在弹出的快捷菜单中选择"属性"命令，如图2-93所示。

2）在"bluesky.com 属性"对话框中选择"区域传送"选项卡，选中"允许区域传送"复选框，传送类型选择"到所有服务器"（默认），然后单击"确定"按钮完成设置，如图2-94所示。

图2-93　"DNS管理器"窗口　　　　　图2-94　允许区域传送到所有服务器

步骤2　设置辅助DNS区域

1）登录到另一台DNS服务器Server 6（IP地址为172.16.1.100），安装DNS服务器角色后，在"DNS管理器"展开服务器"SERVER6"，在"正向查找区域"上单击鼠标右键，在弹出的快捷菜单中选择"新建区域"命令，如图2-95所示。

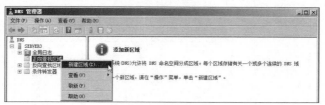

图2-95　"DNS管理器"窗口

学习单元 **2**

2）在"区域类型"对话框中选中"辅助区域"单选按钮，然后单击"下一步"按钮，如图2-96所示。

3）在"区域名称"对话框中输入和主DNS服务器（Server2）相同的区域名称"bluesky.com"，然后单击"下一步"按钮，如图2-97所示。

知识链接

什么是辅助区域

辅助区域（Secondary Zone）是针对主要区域诞生的概念，辅助区域里记录只是存储主要区域的副本，是通过区域传送的方法从主机服务器上复制来的。该记录只读，不可更改，但可以从主要区域的服务器上进行重新加载以获得区域记录的更新。

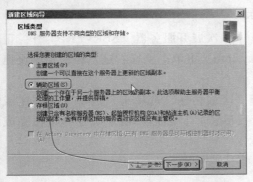
图2-96 "区域类型"对话框

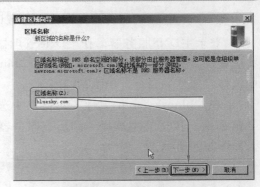
图2-97 "区域名称"对话框

4）在"主DNS服务器"对话框中输入主DNS服务器IP地址，本任务输入"172.16.1.10"，然后单击"下一步"按钮完成正向辅助区域的创建，如图2-98所示。

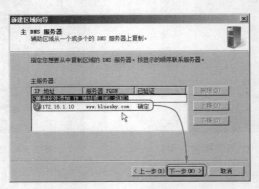
图2-98 "主DNS服务器"对话框

5）在辅DNS服务器SERVER 6上返回到"DNS管理器"窗口，查看从主DNS服务器上传过来的区域"bluesky.com"，如图2-99所示。

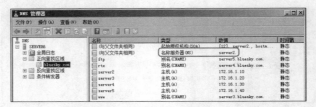
图2-99 "DNS管理器"窗口

步骤3　测试辅助DNS服务器

1）登录DNS客户机，将该计算机的首选DNS服务器地址指向辅DNS服务器"172.16.1.100"，然后单击"确定"按钮，如图2-100所示。

图2-100　TCP/IP属性

2）打开命令提示符，用nslookup命令来测试辅助DNS是否能解析资源记录，过程略。

温馨提示

如何调用"首选DNS服务器"和"备用DNS服务器"

在客户机的TCP/IP属性中，"首选DNS服务器"处填入主DNS服务器地址，"备用DNS服务器"处填辅DNS服务器地址。同时填写了"首选DNS服务器"和"备用DNS服务器"的情况下，默认DNS解析使用"首选DNS服务器"，在其无法通信或无法查找区域记录时才会使用"备用DNS服务器"来查找记录。管理员也可直接使用nslookup命令指定用两台中的哪台DNS服务器来查询，例如，"nslookup www.baidu.com 172.16.1.100"。

 相关知识

1．DNS服务器类型

DNS服务器按区域传送的方向可分为主DNS服务器和辅DNS服务器。

主DNS服务器是特定DNS域所有信息的权威性信息源，从域管理员构造的本地数据库文件中加载域信息，主DNS服务器保存着自主生成的区域文件夹，该文件是可读可写的。当DNS域中的信息发生变化时，这些变化都会保存到主DNS服务器的区域文件中。

辅DNS服务器可以从主DNS服务器中复制区域信息。区域文件是从主DNS服务器中复制生成的，并作为本地文件存储在辅DNS服务器中。这种复制称为区域传输。这个副本是只读的。无法对其进行更改。要更改就必须在主DNS服务器上进行。在实际应用中辅DNS主要是为了均衡负载和容错。当主DNS出现故障时，辅DNS可以承担DNS解析工作。

2．其他DNS记录类型

1）NS记录和SOA记录是任何一个DNS区域都不可或缺的两条记录。NS记录也叫名称服务器记录，用于说明这个区域有哪些DNS服务器负责解析。当然，NS记录依赖A记录的解析。

2）SOA记录也称为起始授权机构记录。SOA记录说明负责解析的DNS服务器中哪一个是主服务器。

3）MX记录也称为邮件交换器记录。MX记录用于说明哪台服务器是当前区域的邮件服务器。如果区域有多个MX记录，而且优先级不同，那么其他邮局给区域发邮件时会首先把邮件发给优先级最高的邮件服务器。代表优先级的数字越低则优先级越高，优先级最高为0。

4）SRV记录是服务器资源记录的缩写，其作用是说明一个服务器能够提供什么样的服务。SRV记录在微软的Active Directory域中有着重要地位。

3．DNS递归查询和迭代查询的工作方式

递归查询是最常见的查询方式。域名服务器将代替提出请求的客户机（下级DNS服务器）进行域名查询，若域名服务器不能直接回答，则域名服务器会在域各树中的各分支的上下进行递归查询，最终返回查询结果给客户机。在域名服务器查询期间，客户机将完全处于等待状态。

迭代查询又称重指引。当服务器使用迭代查询时能够使其他服务器返回一个最佳的查询点提示或主机地址。若此最佳的查询点中包含需要查询的主机地址，则返回主机地址信息。若此时服务器不能够直接查询到主机地址，则按照提示的指引依次查询，直到服务器给出的提示中包含所需要查询的主机地址为止。一般每次指引都会更靠近根服务器（向上），查寻到根域名服务器后，会再次根据提示向下查找。

任务拓展

实践

1）在DNS管理器中创建存根区域。

提示：存根区域依然是一种副本区域，但与辅助区域不同的是，在存根区域内只保存SOA记录、NS记录以及A记录，也就是说，为某一区域配置存根区域，实际上在生成的存根区域中只包含这3种记录，其他的都不会被复制。在区域类型中选择"存根区域"可在向导提示下进行配置。

2）登录域名注册机构，例如，中国万网www.net.cn，为企业选取一个简单好记的域名，查询企业域名是否能够注册。

思考

1）请说明存根区域的记录存放位置？

2）企业使用的DNS域名是否可以随意使用？为什么？

项目总结

在本项目中学习了域名空间的结构、DNS的资源记录类型和DNS名称解析的查询模式，同时也学习了常用的DNS测试命令。

在本项目中完成了DNS服务器的安装和创建DNS区域，完成了DNS容错以及客户机的配置和测试验收等工作。

该项目具有系统性和应用性以及抽象性的特点，也磨炼了管理员严谨的工作态度和解决难题的能力。在完成每个任务的同时，也是对各工作团队分工合作的考验。

项目知识自测

1）要清除本地DNS缓存，使用的命令是什么？

    A．ipconfig / displaydns   B．ipconfig / renew

    C．ipconfig / flushdns   D．ipconfig / release

2）以下对DNS区域的资源记录描述错误的有哪些？（选2项）

    A．SOA：列出了哪些服务器正在提供特定的服务

    B．MX：邮件交换器记录

    C．CNAME：该区域的主服务器和辅助服务器

    D．PTR：PTR记录把IP地址映射到FQDN

3）如果父域的名字是acme.com，子域的名字是daffy，那么子域的DNS全名是什么？

    A．acme.com   B．daffy   C．daffy.acme.com   D．daffy.com

4）在系统为Windows Server 2008 R2的DNS服务器中，下列什么资源记录用于将一个IP地址解析为其FQDN？

    A．SOA   B．PTR   C．SRV   D．NS

5）小李使用Windows Server 2008 R2系统建立了一台DNS服务器。当DNS服务器收到查询请求，并且发现自身无法解析该查询请求时，该DNS服务器会把查询请求转发给什么？（选2项）

    A．维护查询记录所在区域的DNS服务器

    B．根域DNS服务器

    C．如果设置有转发器，则发送给转发器中的DNS服务器

    D．顶级域DNS服务器

项目3　发布网站

任务描述

随着计算机网络的迅猛发展，互联网已经延伸到全球的各个角落，渗透到了人类社会

的每个领域以及人们日常生活的方方面面。目前，互联网的WWW（万维网）服务更是得到了广泛的应用，许多企业建立了网站。

蓝天公司想通过网站来展示企业形象，发布产品资讯，利用内网平台实现信息发布。蓝天公司的网站已经开发完成，准备在公司的服务器上发布网站。

此外，万通公司是蓝天公司新收购的公司，已有自己的网站，为了逐步整合并保留原有的客户群，需将万通公司的网站放到蓝天公司的服务器上发布。

 项目分析

依据蓝天公司的需求，需搭建Web服务器并发布网站。

实现网站发布的方案有多种，考虑到内部员工的需要，最适合的方案是在蓝天公司自己的服务器上发布网站。用Windows Server 2008 R2操作系统中自带的IIS（Internet Information Services，互联网信息服务）组件可以实现这个功能。首先发布蓝天公司的网站，然后发布万通公司的网站，实现多网站同时发布，其项目实施流程如图2-101所示。

安装IIS架设Web服务器 ➡ 发布蓝天公司的网站 ➡ 发布多个网站

图2-101　项目实施流程

任务1　安装IIS实现网站发布

 任务描述

蓝天公司的DNS服务器已经部署完成，完成了基本的配置。在任务中需要安装并调试IIS服务器，以便发布公司网站。该公司的网站域名为"www.bluesky.com"，公司网站已由专门的设计公司制作完成。

 任务分析

要发布蓝天公司的网站，首先需要熟悉默认站点的使用，然后设置新建蓝天公司网站的网站名称、网站内容目录、网站类型、IP地址、端口号和主机名等。

根据蓝天公司的需求，可使用Windows Server 2008 R2自带的IIS组件来实现，需要首先安装IIS组件，然后再架设Web服务器。根据任务要求，先设计出网络拓扑图，然后设置好服务器计算机名和IP地址。安装好IIS服务组件后，再进行简单测试，任务实施流程如图2-102所示。

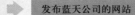

添加Web服务器角色 ➡ 发布蓝天公司的网站 ➡ 客户端测试

图2-102　任务实施流程

什么是IIS

Windows Server 2008 R2中的IIS 7.0（在Windows Server 2008中IIS 7.0基础上重写了FTP组件）是一种集成了IIS、ASP.NET等的统一Web平台，其中包括Web、FTP、SMTP等服务器组件，主要用于网站发布，它使得在网络上发布信息成了一件很容易的事。

 任务实施

步骤1　设计网络拓扑图

根据项目分析，网络拓扑如图2-103所示。

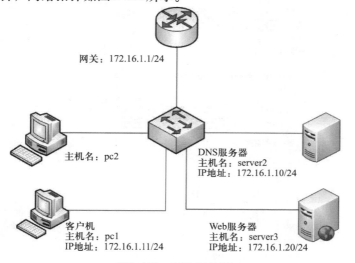

图2-103　网络拓扑图

步骤2　添加Web服务器角色

启动服务器，放入Windows Server 2008 R2操作系统安装光盘。

1）执行"开始"→"程序"→"管理工具"→"服务器管理器"命令，打开"服务器管理器"窗口，如图2-104所示。单击"角色"项，然后单击"添加角色"链接。

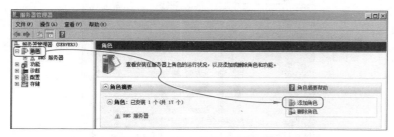

图2-104　"服务器管理器"窗口

2）在弹出的"选择服务器角色"对话框中，找到"角色"下的列表框，选中"Web服务器（IIS）"复选框，然后单击"下一步"按钮，如图2-105所示。

3）在"选择角色服务"对话框中，选择左边的"角色服务"，可看到安装Web服务器（IIS）所涉及的关联组件和服务，单击"下一步"按钮，如图2-106所示。

4）接下来，Web服务器角色开始安装，直至在"安装结果"对话框中出现"安装成功"提示，此时单击"关闭"按钮，如图2-107所示。

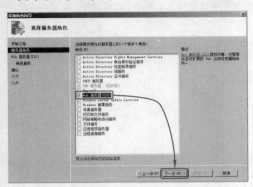

图2-105　选择Web服务器角色

图2-106　选择角色服务

图2-107　Web服务器安装成功

步骤3　打开默认站点，测试服务器是否运行

在浏览器中输入"http://127.0.0.1"或"http://localhost"，如果在默认配置下能够打开IIS默认页面则表示服务器已能够发布网站，如图2-108所示。

图2-108　打开IIS7默认页面

知识链接

127.0.0.1和localhost有何不同

127.0.0.1在Windows等操作系统的正确解释是本机地址。127.0.0.1是一个回环地址，指本地计算机，常用来测试使用。在工作中，常用"ping 127.0.0.1"来查看本地TCP/IP是否正常，如果能ping通则可正常使用。在操作系统中本地解析文件HOSTS将localhost指向了127.0.0.1，可理解为本地主机。

步骤4　发布站点

1）停止默认网站。在"Internet信息服务（IIS）管理器"窗口中，在站点"Default Web Site"上单击鼠标右键，在弹出的快捷菜单中选择"管理网站"→"停止"命令，如图2-109所示。

图2-109　停止默认网站

2）准备网站资源。在C盘下创建文件夹"bluesky"作为网站的主目录，将蓝天公司网站的所有内容放到此文件夹下，确保首页文件"index.html"等要位于该目录下，如图2-110所示。

图2-110　bluesky网站主目录

3）在"Internet信息服务（IIS）管理器"窗口中，展开服务器节点，在"网站"上单击鼠标右键，在弹出的快捷菜单中选择"添加网站"命令，如图2-111所示。

图2-111　添加网站

4）在打开的"添加网站"对话框中，指定网站名称、物理路径（主目录），绑定类型、IP地址、端口号和主机名，如图2-112所示。同时选中"立即启动网站"复选框，然后单击"确定"按钮。

学习单元2

1）修改该服务器的TCP/IP属性，将"首选DNS服务器"指向蓝天公司的DNS服务器172.16.1.10。修改完毕后单击"确定"按钮，如图2-113所示。

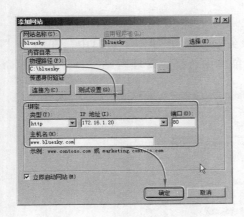

图2-112　添加网站　　　　　　　　　　图2-113　TCP/IP属性

2）使用IP地址测试。打开浏览器，输入"http://172.16.1.20"（存放蓝天公司网站的服务器地址）后按<Enter>键，此时，蓝天公司网站的首页正常打开，即表明在Web服务器上发布站点成功，如图2-114所示。

图2-114　使用IP地址打开蓝天公司的网站

3）使用域名测试。打开浏览器，输入"http://www.bluesky.com"后按<Enter>键，此时，蓝天公司网站的首页也能正常打开，不仅表明在Web服务器上发布站点成功，还表明对网站的域名解析正确，如图2-115所示。

图2-115　使用域名打开蓝天公司的网站

 相关知识

URL格式

定义：在WWW上，每一个信息资源都有统一的且在网上唯一的地址，该地址就叫作URL（Uniform Resource Locator，统一资源定位符），它是WWW的统一资源定位标志，就是指网络地址。

URL由3部分组成：资源类型、存放资源的主机域名、资源文件名。

URL的一般语法格式为（带方括号[]的为可选项）：

protocol://hostname[:port]/path/[;parameters][?query]#fragment

（1）hostname（主机名）

它是指存放资源的服务器的域名系统（DNS）主机名或IP地址。有时，在主机名前也可以包含连接到服务器所需的用户名和密码（格式：username@password）。

（2）port（端口号）

整数，可选参数，省略时使用服务的默认端口，各种传输协议都有默认的端口号，如http的默认端口号为80。如果输入时省略，则使用默认端口号。有时候出于安全或其他考虑，可以在服务器上对端口进行重定义，即采用非标准端口号，此时，URL中就不能省略端口号这一项。

（3）path（路径）

它是由零或多个"/"符号隔开的字符串，一般用来表示主机上的一个目录或文件地址。

（4）parameters（参数）

它是用于指定特殊参数的可选项。

（5）query（查询）

它是可选参数，用于给动态网页（如使用CGI、ISAPI、PHP/JSP/ASP/ASP．NET等技术制作的网页）传递参数，可有多个参数，用"&"符号隔开，每个参数的名和值用"="符号隔开。

（6）fragment（信息片断）

它是字符串，用于指定网络资源中的片断。例如，一个网页中有多个名词解释，可使用fragment直接定位到某一名词解释。

任务拓展

实践

使用超文本传输协议（HTTP），提供超级文本信息服务的资源。

1）http://www.bluesky.com/abc/welcome.htm，其计算机域名为www.bluesky.com。超级文本文件是在目录/abc下的welcome.htm。

2）http://www.bluesky.com.cn/talk/talk1.htm，其计算机域名为www.bluesky.com.cn。超级文本文件是在目录/talk下的talk1.htm。这是聊天室的地址，可由此进入聊天室的第1室。

思考

1）在本任务中，管理员在发布蓝天公司站点时将默认站点"Default Web Site"停止，请问这是为什么？

2）IIS 7.0支持的首页的文件类型都有哪些？如果网站的首页并未按IIS 7.0默认支持的首页文件类型命名，还能否发布网站？

前沿技术关注

随着动态网站技术的成熟，一种称为LAMP的建站平台已经得到广泛使用。LAMP是4个单词的首字母，指的是Linux（操作系统）、Apache（Web服务器），MySQL（数据库）和PHP（动态网站开发语言）。由于它们的免费和开源，这个组合开始流行（大多数Linux发行版本捆绑了这些软件）。

上网查找有关LAMP的相关资料，与任务中使用的IIS平台进行对比，总结二者的技术和应用场景差异。

任务2　发布多个网站（配微课）

任务描述

随着公司的发展壮大，蓝天公司成立了多家分公司，每家分公司也有发布网站的需求。这就需要利用一台安装有Windows Server 2008 R2的IIS服务器可以创建多个网站，在确保员工能访问各网站的同时，还可以为公司节约软件、硬件和人力成本。

任务分析

蓝天公司旗下又收购了万通科技公司，要将万通科技公司原有的网站也放在蓝天公司现有的Web服务器上发布。IIS支持在一台服务器上创建多个网站。

在一台Web服务器上安装多个网站有多种方法：使用多主机头来创建不同的网站，使用不同的IP地址来创建不同的网站，使用不同的TCP端口号来创建不同的网站。本任务将选用目前常用的方法—— 使用不同主机名称来为公司创建不同的网站。蓝天公司对应的主机头为www.bluesky.com，万通科技公司对应的主机头为wantong.bluesky.com。

任务实施

扫码看微课

步骤1　在蓝天公司的DNS服务器SERVER2上增加wantong.bluesky.com的解析记录

1）开打DNS管理器，依次展开"SERVER2"→"正向查找区域"，在区域"bluesky.com"上单击鼠标右键，在弹出的快捷菜单中选择"新建主机（A或AAAA）"命令，如图2-116所示。

2）在"新建主机"对话框中"名称"文本框中输入"wantong"，填写对应的IP地址为"172.16.1.20"，同时选中"创建相关的指针（PTR）记录"复选框，然后单击"添加主机"按钮，如图2-117所示。

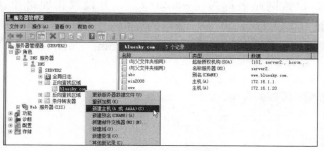

图2-116　服务器管理器

图2-117　新建主机记录

3）完成新建主机记录，wantong.bluesky.com即指向了IP地址172.16.1.20，如图2-118所示。

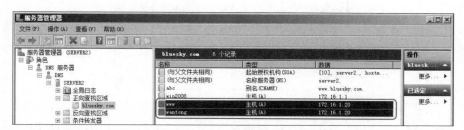

图2-118　创建完成的主机记录

步骤2　新建wantong.bluesky.com的主目录

新建名为"wantong"的文件夹作为wantong.bluesky.com的主目录，将万通公司的站点放到该目录下，可看到其中的主页文件名为"index.html"，如图2-119所示。

图2-119　wantong.bluesky.com站点的主目录

步骤3　建立wantong.bluesky.com公司网站

1）在"Internet信息服务（IIS）管理器"窗口中，展开服务器"SERVER3"，在"网站"上单击鼠标右键，在弹出的快捷菜单中选择"添加网站"命令，如图2-120所示。

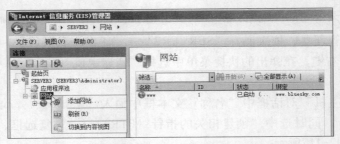

图2-120　添加新的站点

2）在"添加网站"对话框中，设置网站名称为"wantong"，并设置物理路径（主目录），绑定IP为本服务器IP地址"172.16.1.20"，端口为"80"（与www.bluesky.com站点的端口相同），此时的"主机名"为"wantong.bluesky.com"，然后单击"确定"按钮，如图2-121所示。

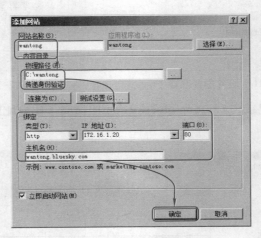

图2-121　添加网站

3）设置完成后，可在"Internet 信息服务（IIS）管理器"窗口中看到该网站信息，如图2-122所示。

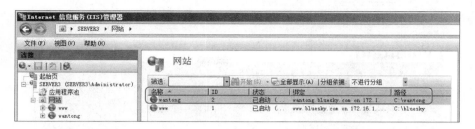

图2-122　Internet信息服务管理器

任务测试

步骤1　测试原有站点

在浏览器中访问"http://www.bluesky.com"将出现蓝天公司网站的首页，可以看到该网站仍在运行中，如图2-123所示。

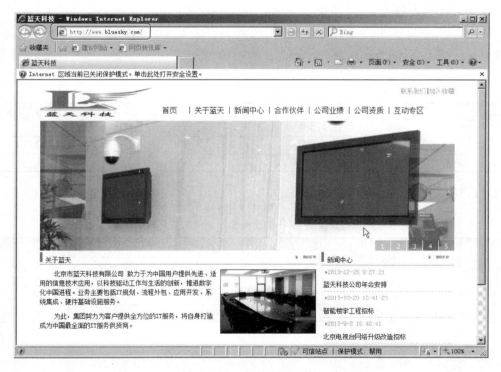

图2-123　蓝天公司网站

步骤2　测试新站点

在浏览器中输入"http://wantong.bluesky.com"，将出现万通公司网站的首页，可以看到该网站也已顺利运行，如图2-124所示。

图2-124 万通科技公司网站

相关知识

1. 常见使用URL的服务类型，见表2-4

表2-4 常见使用URL的服务类型

协议名	服务	传输层协议	端口号
HTTP	万维网服务	TCP	80
FTP	文件传输服务	TCP	21、20
Telnet	远程登录服务	TCP	23

2. IIS实现多个站点的方式，见表2-5

表2-5 IIS实现多个站点的方式

方式＼要求	IP地址	端口	主目录	首页文件名	主机头
基于端口不同	可以相同	必须不同	必须不同	可以相同	可不设置
基于IP地址不同	必须不同	可以相同	必须不同	可以相同	可不设置
基于主机头不同	可以相同	可以相同	必须不同	可以相同	必须不同

 趣图学知

使用IIS建立基于主机头不同的多个站点的实现原理

使用同一个IP、同一个端口建立多个虚拟主机时，需要主机头不同。在该例中，客户机使用浏览器访问www.bluesky.com页面时，会经过DNS解析向Web服务器的IP地址发送访问www.bluesky.com的请求，由于在服务器的同一IP、端口下有多个站点，Web服务器会查找www.bluesky.com这个主机头对应的站点主目录，然后调取相应的首页文件返回给客户端，如图2-125所示。同理，用户访问wantong.bluesky.com时，Web服务器也会查找对应的主目录，再将站点首页文件内容返回给客户机。

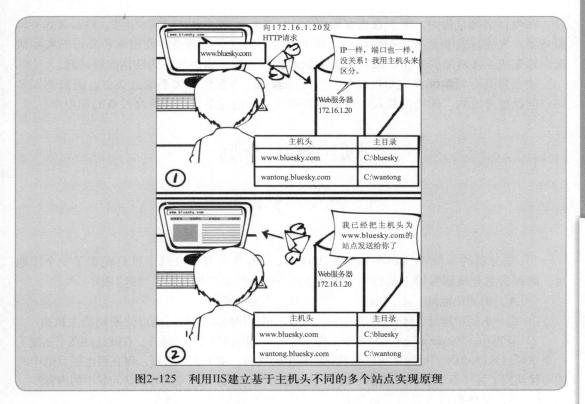

图2-125　利用IIS建立基于主机头不同的多个站点实现原理

 任务拓展

实践

1）使用不同的TCP端口号等来创建不同的网站。服务器的IP地址只有一个，网站1使用80端口，网站2使用8080端口，主目录、页面内容不限，确保这两个站点均能访问。

2）使用多个IP地址创建多网站的方法。为服务器的一个网卡添加两个IP地址，网站主目录、页面内容不限，确保这两个站点均能访问。

思考

在IIS实现多个站点的3种方式中，哪种方式最节约成本？哪种方式最符合用户的使用习惯？哪种方式适合做同一个网站的多出口发布？

项 目 总 结

　　在本项目中了解了IIS的基本功能，学习了回环地址、主目录、端口、主机头、首页文件等与建站有关的概念以及利用IIS实现多个站点的3种方法。

在项目实施过程中，需要首先安装Windows Server 2008 R2自带IIS组件，然后架设Web服务器。先完成发布蓝天公司网站这个基本需求，考虑到服务器的使用率和公司的实际情况，还完成了多网站的发布，最后完成了测试验收工作，确保发布的网站能够访问。

该项目具有系统性和应用性以及抽象性的特点，在配置时需要细致认真，遇到类似多站点问题要考虑软、硬件的投入，在实现公司需求的前提下，尽量提高设备的利用率。

项目知识自测

1）某公司的一台Windows Server 2008 R2服务器只有一块网卡且只配置了一个IP地址，管理员想在该服务器上运行多个Web站点，可以使用那种方式？（选2项）

　　A．相同IP地址，不同端口　　　　　B．不同IP地址

　　C．不同IP地址，不同端口　　　　　D．相同IP地址，相同端口，不同的主机头

2）管理员在Windows Server 2008 R2操作系统中利用IIS搭建了Web服务，在默认站点下创建了一个虚拟目录Products，经测试可以成功访问其中的内容，由于业务需要，现在将虚拟目录中的内容移动到了另一个分区中，管理员如何操作才能让用户继续用原来的方法访问其中的内容？

　　A．对虚拟目录进行重新命名　　　B．修改虚拟目录的路径

　　C．更改TCP端口号　　　　　　　D．无需任何操作

3）在IIS中，网站物理路径（主目录）用来存储哪种文件？（选2项）

　　A．首页文件　　　　　　　　　　B．首页文件涉及的资源文件

　　C．IIS组件的安装文件

4）使用Windows Server 2008 R2中的IIS组件可以实现哪些功能？（选3项）

　　A．发布Web网站　　　　　　　　B．作为DHCP服务器使用

　　C．建立FTP站点　　　　　　　　D．控制站点的启动与停止

5）IIS默认的Web站点使用的端口号为？

　A．8080　　　　B．80　　　　C．8800　　　　D．21

　E．20

项目4　构建即时通信系统

项目描述

随着业务的发展，蓝天科技公司员工数量达到180人，部门组织也变得多样，员工间

和企业上下级间的信息沟通方式多采用电话、QQ和邮件方式。利用这几种沟通方式，在一定程度上帮助了企业信息传递，但在紧急和重要信息发布上，存在滞后问题。

公司急需构建一个加强工作交流的平台，既能实时通信，节省相关通信费用，也能体现企业组织结构，使上下级间通信更加顺畅，同时具备系统广播、发送信息、发送文件、粘贴屏幕、多人分组讨论等功能。

项目分析

根据公司对交互平台的需求，结合现有沟通方式的优势和不足，将选购平台的标准归纳为：

1) 可以发送即时消息、文件和全员广播等，发送对象登录后能够给予提示。
2) 能够按照公司组织结构对用户账户进行组织。
3) 可自定义讨论组。
4) 易于员工操作，能对用户进行权限定义。
5) 支持远程登录。

经过对市场中即时通信产品的对比，发现腾讯通（RTX）除了能够满足上述5个标准外，还具备客户端占用资源小、操作易于上手和支持二次开发等特点。此外，可在正式购买前，先申请免费版License文件，申请成功后，能够使用所有插件及增值服务，可供200客户端同时在线，有效期为半年，可以随时续期。鉴于以上腾讯通所具备的优势，公司决定先在企业网络中部署腾讯通，然后通过申请免费版License文件试用半年，最后根据员工反馈效果再决定是否购买正式版腾讯通产品。

本项目中，将进行腾讯通服务器端和客户端的安装，安装后根据公司现有组织结构配置腾讯通分组，最后对企业用户信息和用户权限等进行管理，项目实施流程如图2-126所示。

图2-126　项目实施流程

任务1　安装、配置RTX服务器和客户端

任务描述

公司决定将腾讯通（RTX）作为办公即时通信系统，要求网络管理员先依据企业网络状况确定部署方式，然后在公司内网部署腾讯通软件，为公司搭建出即时高效的工作交流平台。

任务分析

根据公司网络环境和服务器配置情况，选择运行Windows Server 2008 R2的Server4服务器作为腾讯通软件的服务器端，客户端使用网页访问方式获取安装包。规划的网络拓扑图如图2-127所示，具体任务流程如图2-128所示。

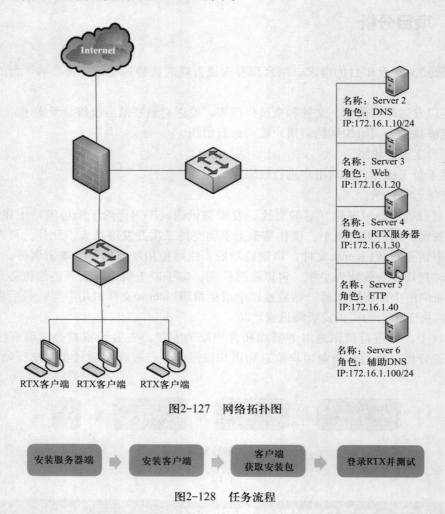

图2-127　网络拓扑图

图2-128　任务流程

任务实施

步骤1　获取腾讯通安装程序

1）在Server4上通过浏览器访问http://rtx.tencent.com/rtx/download/index.shtml，单击页面上的"免费下载完整安装包"按钮，如图2-129所示。

图2-129　腾讯通RTX下载页面

2）在"文件下载"对话框中单击"保存"按钮，如图2-130所示。在"另存为"对话框中设置保存路径，设置完毕后单击"保存"按钮，如图2-131所示。

图2-130　文件下载提示

图2-131　设置保存路径

步骤2　安装服务器端

1）在Server 4上，对腾讯通安装程序压缩包"RTX2013formal_allinstall.zip"进行解压缩，如图2-132所示。

图2-132　腾讯通RTX安装包

腾讯通安装程序包中的文件都是做什么用的

所下载的腾讯通安装程序包，包含3个文件，以RTX2013正式版为例，分别是：

1）rtxserver2013formal.exe，RTX服务器端安装程序。

2）rtxclient2013formal.exe，RTX客户端安装程序。

3）rtxcentersvr2013formal.exe，RTX中心服务器安装程序。企业集群部署才需要安装。

2）双击安装程序包中"rtxserver2013formal.exe"，打开如图2-133所示的腾讯通RTX服务器端安装向导，单击"下一步"按钮。

3）进入"许可证协议"对话框，单击"我接受"按钮，如图2-134所示。

 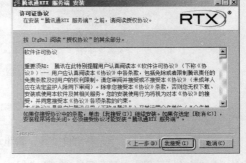

图2-133　腾讯通RTX安装向导　　　　　　图2-134　"许可证协议"对话框

4）进入"选择安装位置"对话框设置安装路径，设置完毕后单击"下一步"按钮，如图2-135所示。

5）打开"安装选项"对话框，选择"Chinese（Simplified）"，即简体中文，然后单击"安装"按钮，如图2-136所示。

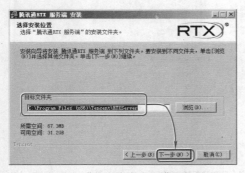 

图2-135　"选择安装位置"对话框　　　　　图2-136　"安装选项"对话框

6）进入"正在安装"对话框，等待安装完成，如图2-137所示。安装完成后，显示如图2-138所示的对话框，提示安装成功，此时单击"完成"按钮。

图2-137　"正在安装"对话框　　　　　　图2-138　完成安装

7）进入"快速体验RTX的强大功能"对话框，可以体验创建示例用户操作，如图2-139所示。如需自定义操作需单击"否"按钮。

8）在弹出的"提醒"对话框中会出现设置管理员权限，此时单击"否"按钮，如图2-140所示。

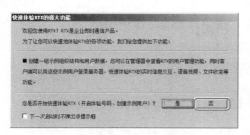

图2-139 快速体验   图2-140 提示是否设置管理员权限

经验分享

为何此时不设置管理员权限

此时，还未向腾讯通RTX中添加组织结构，也没有相应的用户，所以还不能指定管理员。

9）进入"RTX管理器"后，可看到该窗口提供了腾讯通RTX的配置向导功能，单击"设置超级管理员密码"链接，如图2-141所示。

图2-141 "RTX管理器"窗口

知识链接

RTX管理器配置向导有何功能

通过配置向导可以设置超级管理员密码、申请腾讯License文件、查看服务器运行状态、创建用户账号、配置企业群集服务器、导入体验数据、配置企业邮箱，也可以进入账号审核网址进行账号的审核、进入客户端网页申请账号等。

10）在"修改密码"对话框中设置管理员密码，设置完成后单击"确定"按钮，如图2-142所示。完成密码设置会弹出提示，单击"确定"按钮即可，如图2-143所示。

11）返回至RTX管理器后可看到超级管理员密码后的状态已经显示为"已配置"，如图2-144所示。

图2-142 修改密码   图2-143 修改密码成功   图2-144 密码设置成功

步骤3 安装腾讯通RTX客户端

1）在客户端（以Windows 7操作系统为例）上使用浏览器打开"http://172.16.1.30:8012"页面，单击页面中的"下载客户端安装程序"按钮，如图2-145所示。

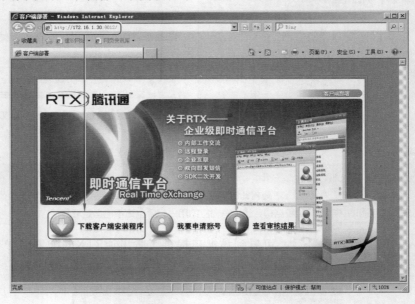

图2-145 腾讯通下载页面

腾讯通RTX常用端口

TCP&UDP 8000，登录端口。
TCP 8003，小文件、多人会话文件传输端口。
TCP 8880，大文件传输、语音视频端口。
TCP 8009，客户端程序自动升级端口。
TCP 8010，组织架构、资料照片、自定义标签等功能实现。
TCP 8012，快速部署端口。

2）在弹出的"文件下载－安全警告"对话框中直接单击"运行"按钮，如图2-146所示。数据下载验证完毕后会进行下载，等待即可，如图2-147所示。当出现"Internet Explorer－安全警告"对话框后单击"运行"按钮，如图2-148所示。

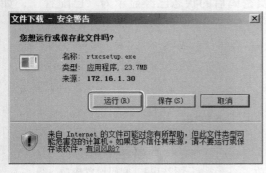

图2-146 文件下载安全警告

图2-147 数据下载验证

图2-148　运行软件安全警告

3）启动腾讯通RTX客户端安装向导后，单击"下一步"按钮，如图2-149所示。

4）出现"许可证协议"对话框后单击"我接受"按钮，如图2-150所示。

图2-149　客户端安装向导

图2-150　"许可证协议"对话框

5）打开"选择安装位置"对话框后选择客户端安装位置，设置完毕后单击"下一步"按钮，如图2-151所示。

6）出现"安装选项"对话框后设置快捷方式及语言等选项，使用默认选项即可。单击"安装"按钮，如图2-152所示。

图2-151　"选择安装位置"对话框

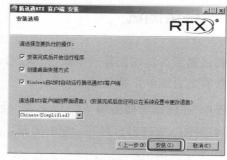

图2-152　"安装选项"对话框

7）打开"正在安装"对话框后等待安装完成，如图2-153所示。安装完成后单击"完成"按钮，如图2-154所示。

图2-153　"正在安装"对话框

图2-154　完成安装

8）客户端程序安装完成后，会自动运行腾讯通客户端，单击"文件"菜单中的"系统设置"命令进行必要的设置，如图2-155所示。

9）单击"RTX设置"对话框中左侧的"服务器设置"，打开"服务器设置"选项卡，填入腾讯通服务器IP地址后单击"确定"按钮，如图2-156所示。

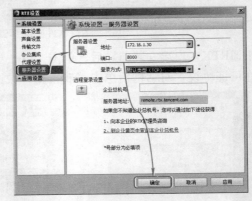

图2-155　RTX客户端　　　　　图2-156　服务器设置信息

经验分享

企业总机号暂时不填

企业总机号是在申请License成功后，由腾讯通RTX的开发商腾讯公司分配的号码，用户在外网（家庭、远程办公地点等）登录时依靠企业总机号识别腾讯通服务器。

任务测试

在腾讯通服务器端创建一个账号，账号名及密码均为"test"，在客户端上使用该账号登录，查看是否能够正常登录。

步骤1　在腾讯通服务器（Server 4）上利用RTX管理器创建测试账号

1）打开RTX管理器，展开"配置向导"，双击"创建用户账号"项，单击下侧"这里"链接，如图2-157所示。

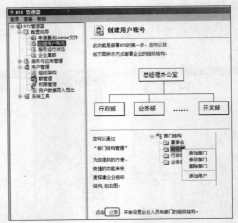

图2-157　创建用户账号提示

2）将RTX管理器跳转到"用户管理"→"组织架构"窗口的"部门架构"选项卡下，单击"添加用户"按钮，如图2-158所示。

图2-158　部门架构

3）打开"添加用户"对话框，填写测试账号及密码，均为"test"，然后单击"添加"按钮，如图2-159所示。添加成功后会弹出提示，单击"确定"按钮即可，如图2-160所示。

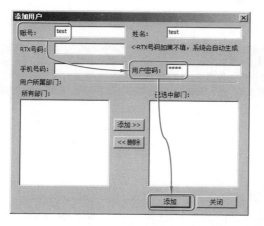

图2-159　填写用户信息　　　　　　图2-160　添加用户成功

4）返回"部门架构"选项卡后可查看到新添加的测试账号"test"，如图2-161所示。

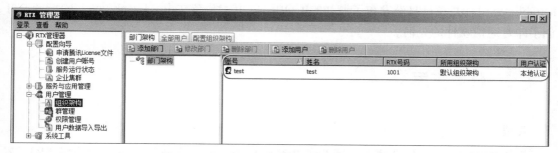

图2-161　在部门架构中查看新添加的账号

步骤2　在客户端上进行账号测试

1）在客户端上，打开腾讯通登录界面，输入测试账号"test"，密码为"test"，然后单击"登录"按钮，如图2-162所示。

2）登录成功后可从标题栏中看出当前版本为"RTX试用版"，如图2-163所示。

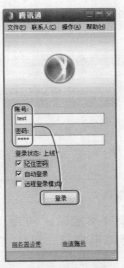

图2-162　腾讯通客户端登录界面　　　图2-163　　测试账号成功

 相关知识

即时通信系统

　　即时通信（IM，Instant messaging）是一种终端服务，多人登录到一台服务器上，在客户端间可即时传递文本、图片、语音、视频等信息，是目前互联网应用最广泛的服务之一。最早的即时通信软件是由4名以色列青年编写完成的，他们于1996年7月成了立Mirabilis公司，并在11月份发布了最初的ICQ版本，ICQ是英文中"I seek you"的谐音，开创了即时通信软件的先河。

 任务拓展

实践

　　在Server4上创建第2个账号，账户名和密码均为temp。为新的一台客户端部署RTX客户端软件，使用temp账号登录，尝试与test账号进行交流。

思考

1）腾讯通能否支持移动用户客户端？

2）可以使用哪几种方案安装腾讯通的客户端？请进行列举。

任务2　申请、导入License文件

任务描述

公司已经完成腾讯通RTX服务器端和客户端的部署工作，为了延长软件试用期，需要到腾讯通网站上申请License。

任务分析

从网上下载的腾讯通RTX软件若不导入License文件，最多只支持200个客户端试用45天，并且不能使用RTX的各种插件及增值服务，比如，短信、手机版本的RTX等。可申请免费版License文件，申请成功后可供200个客户端同时在线，有效期为半年。并且可以随时续期，次数不限制，每次都可以延长半年。具体任务实施流程如图2-164所示。

图2-164　任务实施流程

任务实施

步骤1　填写注册信息，申请License文件

1）在腾讯通RTX的服务器端，即Server4上，打开RTX管理器，单击"配置向导"中的"申请腾讯License文件"项，再单击"申请License文件"链接，如图2-165所示。

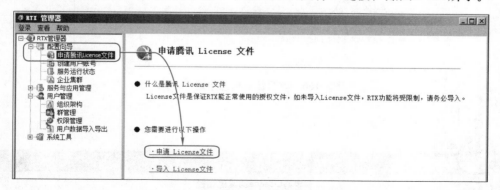

图2-165　RTX管理器

2）打开腾讯通的申请页面，填写注册信息，填写完毕后单击"申请License"按钮，如图2-166所示。

学习单元 2

○ 开始申请免费版License文件

您有总机号吗？

企业总机号是企业在RTX网络当中的身份识别标志，如果要使用RTX的增值服务和各种插件，必须让您的RTX系统拥有企业总机号。

- ● 我没有，我想要直接申请License文件（申请通过后，系统将自动分配总机号）
- ○ 我有RTX总机号，使用过旧版本，但未申请License文件
- ○ 我申请过License文件，还想使用原RTX总机号

您公司的基本信息（请用简体中文或者英文填写）

*公司全称	蓝天科技公司
*公司简称	蓝天
*公司地址	北京市海淀区彩和坊甲10号
公司网址	
*申请人	贾艳光

请确保您的邮件地址正确无误，系统将会把生成的License文件发送到该地址。
（为确保邮件能及时收到，强烈建议使用QQ邮箱地址）

*邮件地址	jiayanguang@sohu.com
*确认邮件地址	jiayanguang@sohu.com
*联系电话	01068480044　　传真
*邮编	100800
*行业	信息技术业 ▼

公司描述

最多只能输入100个汉字

您公司的所在地

*国家 中国 ▼	*省份 北京市 ▼
*城市 北京市 ▼	

请输入您在此图片中看到的字符

图片　[图片]　更换一张新图片

字符　bxtz

请检查您填写的信息是否符合要求，腾讯公司会根据如下原则决定是否通过审核：

- ■ 填写的是企业真实名称，必须与工商部门登记的企业名称完全一致。
- ■ 所填写的企业信息真实、详尽。
- ■ 填写企业所属区域必须正确，不能与企业名称不符。
- ■ 企业信息里不能有垃圾信息（随意乱填没有意义的字符）。

申请License

图2-166　填写注册信息申请License

经验分享

申请License的其他途径

除了通过RTX管理器中的链接进行申请，也可以直接访问如下网址进行注册：http://rtx.tencent.com/rtx/license/requisition.shtml。

3）提交申请成功，等待审核结果，如图2-167所示。

相关文档下载
常见问题解答
相关论坛
客服支持

RTX合作伙伴
增值服务插件及方案列表
如何成为我们的合作伙伴

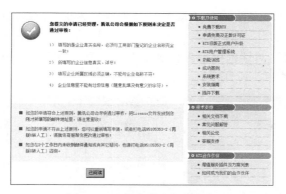

图2-167　申请成功等待审核

步骤2　接收注册邮件

登录申请License时填写的邮箱，可以看到已接收到了腾讯通的License文件，阅读邮件，从邮件内容中获得包括企业的RTX总机号、密码以及名为"RtxSrv.lcs"的License文件，将该文件附件进行保存用于后期导入，如图2-168所示。

图2-168　打开含有License的邮件

步骤3　导入License文件

1）执行"开始"→"所有程序"→"腾讯通"→"腾讯通RTX管理器"命令，在弹出的登录界面中，输入管理员密码，单击"确定"按钮。弹出系统没有账号具备管理员权限的提示，单击"否"按钮，进入"RTX管理器"窗口后依次展开"RTX管理器"→"系统工具"→"License管理"，然后单击"选择License文件"按钮，如图2-169所示。

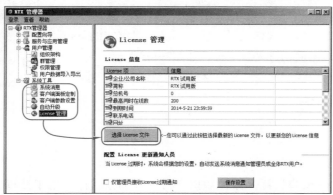

图2-169　打开License管理页

2）在"选择License文件"对话框中选择需要导入的License文件，单击"打开"按钮，如图2-170所示。

3）在"服务配置"对话框中输入"企业号码"和"密码"（电子邮件中已获得），单击"确定"按钮，如图2-171所示。

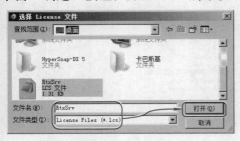

图2-170　定位License文件

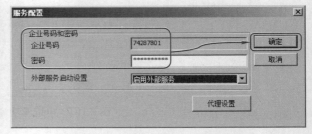

图2-171　输入"企业号码"和"密码"

4）返回"RTX管理器"窗口，可查看到相应的License文件信息，此时已完成License文件的导入，如图2-172所示。

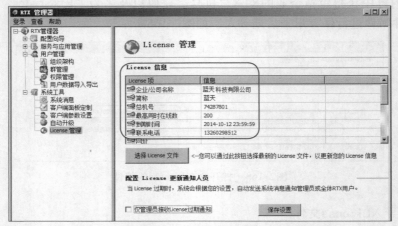

图2-172　"RTX管理器"窗口

 任务测试

打开腾讯通客户端，输入账号及密码"test"，单击"登录"按钮登录，可看到客户端标题栏已显示为注册时填写的单位名称，说明服务器端已成功导入License，如图2-173所示。

图2-173　登录腾讯通

 相关知识

软件授权方式

为了保证开发人员的利益，保护知识产权，大部分软件采用了授权方式。软件授权方式主要分为序列号方式、在线激活方式、激活码方式和授权文件方式。

序列号方式：是通过一种复杂的算法生成安装序列号，在安装过程中，用户需输入安装序列号来进行校验以确定软件是否合法，从而完成授权，典型代表是微软公司的Office系列产品。

在线激活方式：用户在安装了某些软件后，根据软件安装的计算机、用户等信息能够得到一个唯一的标识符，软件将这个标识符传递给厂商后，由厂商的注册系统为用户生成一个有效凭证，软件系统根据凭证信息完成授权。

激活码方式：用户安装某系软件后，这些软件会根据计算机的网卡MAC地址、硬盘序列号等信息生成一个注册字符串，用户将此字符串通过手机短信等方式发给软件厂商，厂商会回复用户一个激活码，用户在软件中输入激活码后方可使用。许多考试模拟系统都采用这种授权方式。

授权文件方式：现在很多大型软件都采用一个License文件来授权软件的使用期限、最大用户数、增值服务等。不同的授权文件开放的软件功能有所不同，价格也不同。License文件是采用对称密钥来生成的，内含电子签名，软件使用公钥对License文件进行解密，读取文件内容从而开放软件的相应功能模块。

任务拓展

实践

导入License后，可以使用腾讯通的扩展功能，例如，短信和手机版RTX功能，利用手机的WiFi连接到腾讯通服务器所在网络，安装腾讯通手机版（信达通讯录），测试是否可用。

思考

若腾讯通的License文件丢失，可以采用什么形式找回该文件？

任务3　配置组织构架，添加用户

任务描述

依据现有的企业组织结构，在RTX管理器上搭建组织结构，并在相应部门建立账号，如图2-174所示。

图2-174　蓝天公司组织结构

任务分析

依据公司现有的组织结构，可按照现有部门在RTX管理器中建立对应的组织架构，其中一级结构为董事局、销售部、工程部、财务部、采购部、开发部和客户部。根据RTX系统的设计原则，有两种方式创建RTX用户账号：第一种方式是客户端申请；第二种方式是系统管理人员创建企业的部门组织结构、分配RTX号码。为了节约部署时间，采用第二种部署方式中的批量处理方式创建RTX用户账号，任务实施流程如图2-175所示。

添加一级部门 ➡ 根据示例格式创建导入所需的TXT文件 ➡ 通过导入，创建账号

图2-175　任务实施流程

任务实施

步骤1　添加一级部门

1）选择"RTX管理器"→"用户管理"→"组织架构"，将前期创建的测试账号清空，单击"添加部门"按钮，如图2-176所示。

2）进入"添加部门"对话框之后，填写部门资料，如图2-177所示。填写完毕后单击"添加"按钮，完成一级部门"董事局"的创建。

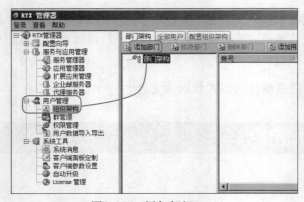

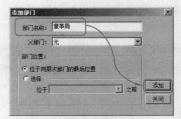

图2-176　添加部门　　　　　　　　　　　　　　　图2-177　添加部门信息

3）使用同样的方法，添加其他6个部门，添加后如图2-178所示。

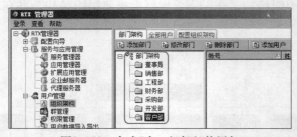

图2-178　完成7个一级部门的添加

经验分享

RTX系统支持多级部门的添加

腾讯通RTX系统支持多级部门的添加，即在部门下添加子部门，以满足企业应用中实际组织架构的需要。

步骤2　根据示例格式创建导入所需的TXT文件

1) 选择"RTX管理器"→"用户管理"→"用户数据导入导出"，打开用户数据导入导出窗口，单击"查看范例文本格式"按钮，如图2-179所示。

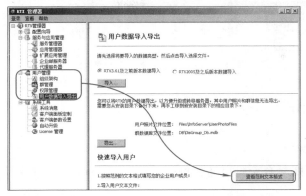

图2-179　用户数据导入导出窗口

2) RTX管理器会打开文件名为"UserSample.txt"的范例文本，从范例中可以看出，每个关键字间需要用<Tab>键进行分割，文件内容按用户名、姓名、部门名称、RTX分机号、电子邮件和手机号的顺序排列，如图2-180所示。

图2-180　用户导入范例文件

3) 按照范例格式编写本部门的用户数据，并将该文件存储为"bluesky.txt"，如图2-181所示。

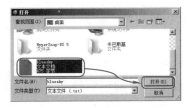

图2-181　蓝天公司用户数据文件

4) 返回到RTX管理器的"用户数据导入导出"窗口，单击"快速导入用户"下的"导入"按钮，在"打开"对话框中选择用户数据文件"bluesky.txt"，如图2-182所示。然后单击"打开"按钮，提示导入成功，单击"确定"按钮，如图2-183所示。

图2-182　导入用户文件　　　　　图2-183　完成导入

5) 返回RTX管理器，选择"组织构架"中的"全部用户"选项卡，可以查看到利用快速导入方式创建的用户相关信息，如图2-184所示。

图2-184　新创建的用户数据

任务测试

步骤1　客户端登录

使用新建的一个账号登录腾讯通，例如，使用"zhangli"，如图2-185所示。

温馨提示

提示员工在第一次登录腾讯通后更改密码

通过刚才使用的快速导入方式创建的账号，其密码为空，为了安全起见，应该提示员工更改密码。

步骤2　查看组织架构

登录后可以查看到组织构架，包含7个部门，如图2-186所示。

图2-185　登录页面

图2-186　登录后查看组织构架

相关知识

企业版即时通信软件与个人版的主要区别

相对于个人版即时通信软件而言，企业版即时通信软件对安全性、稳定性、可管理性要求更高。

首先是在可管理性方面进行比较，很多没有部署企业版即时通信系统的公司都在采用个人版的即时通信软件，员工都是自行安装即时通信工具，而这些个人版的即时通信工具都带有一定的娱乐功能，有的侧重于交友，有的侧重于购物。很多员工利用个人即时通信软件进行与工作无关的聊天，严重影响了企业的正常运行。所以企业更希望得到一种功能有针对性，并且能由企业自身来管理的即时通信软件。

其次是安全性方面，个人版即时通信软件的服务器是由软件厂商负责运营的，一般部署在公网环境中，这样就为文件传输过程中被监听、拦截提供了可能。此外，个人版即时通信软件大多对注册时的用户身份验证不够，造成使用个人版即时通信软件的双方无法有效地验证对方的真实身份，也增加了受骗的可能。

此外，有些即时通信软件厂商还根据企业的实际需求开发了一些增值服务，例如，可与企业内部的办公系统进行整合，可与企业的电话网关进行连接等，这些增值服务是以免费为主的个人版即时通信软件所不具备的。

趣图学知

企业版和个人版即时通信软件有很大不同，以腾讯公司的两种即时通信软件进行比较，分别是QQ和RTX，他们面向的客户群不同，软件账户的申请方式不同，实现的主要功能不同，如图2-187所示。

图2-187　腾讯公司的QQ和RTX比较

任务拓展

实践

为销售部创建二级部门，名称为奇迹队、致远队、永恒队，为这3个部门使用"快速导入用户"的方式各创建一个账号。

思考

为什么利用"快速导入用户"方式创建账号时，没有给账号指定密码，这么做是出于什么考虑？

项 目 总 结

腾讯通RTX凭借自身的优势，为企业信息交流提供了有力的保障。通过本项目的学

习，了解了常用的腾讯通部署方案和腾讯通的部署、注册方法。

在项目的实施中，能够根据企业的规模和网络结构制定相应的部署方案。在安装部署腾讯通的过程中，能够利用"快速导入用户"的方式完成员工账号的创建。

在本项目的3个任务实施中，要注意养成维护数据完整性的习惯，并能利用软件的优势，即时高效地完成工作，具备效率意识和时间成本意识。

项目知识自测

1）2013版本的腾讯通安装程序包，包含哪3个文件？
   A．rtxserver2013formal.exe   B．rtxclient2013formal.exe
   C．rtxclientsvr2013formal.exe   D．rtxcentersvr2013formal.exe

2）腾讯通RTX的登录端口是多少？
   A．8012   B．8000   C．8009   D．8003

3）腾讯通RTX的快速部署端口是多少？
   A．8012   B．8000   C．8009   D．8003

4）在腾讯通RTX客户端上使用腾讯通前，需要设置服务器的IP地址及其端口号，这个端口号是多少？
   A．8012   B．8000   C．8009   D．8003

5）申请免费版License文件成功后，可以提供多少用户多久的使用期限？
   A．100个客户端，半年   B．200个客户端，半年
   C．50个客户端，45天   D．100个客户端，3个月

6）申请免费版License文件成功后，用户可以使用哪些功能？（选4项）
   A．电子邮件   B．短信   C．手机版RTX   D．远程登录
   E．支持2000个客户端

项目5　搭建FTP服务器实现文件存储

项目描述

公司文件交换的需求逐渐提升，急需一个存储公共文件的空间和个人用户空间。公共数据空间能让指定的经理上传文件，其他用户只能下载。用户数据空间为用户私有空间，

可上传、下载文件。

项目分析

依据蓝天公司的需求，需搭建文件服务器以实现文件的存储和交换。

虽然基于SMB/CIFS的文件服务器能够满足文件共享的需求，但基于局域网的特性限制了其在大、中型企业的应用。蓝天公司可用FTP服务器作为公司内部的文件服务器，不仅可在局域网中使用，也能够满足员工在家里访问文件服务器的需求。它支持用户身份验证，并可根据不同的用户身份设置不同的访问规则。

Windows Server 2008 R2操作系统中自带的IIS组件默认安装时并没有包含FTP组件，可依据需要自定义安装FTP服务器功能，首先建立一个满足匿名用户访问的FTP站点，然后考虑用户私有存储空间的需求，其项目实施流程如图2-188所示。

安装IIS中的FTP组件 → 搭建满足匿名用户访问需要的FTP站点 → 搭建能够实现用户私有空间的FTP站点

图2-188　项目实施流程

任务1　安装FTP服务器建立匿名站点

任务描述

蓝天公司要搭建自己的FTP服务器，要求管理员在现有服务器Server 4上实现。搭建好的FTP服务器要能够让2个经理用户上传文件，而其他用户登录时不需要用户名、密码即可访问，以便下载公司领导层下发的文件。公司的产品信息存放在"E:\公司产品信息"中，公司经理要求网络管理员将这个文件夹也放到共享中，做一个隐藏的目录，需要时输入目录名称才能显示并访问。

任务分析

要完成蓝天公司的需求，首先要安装FTP服务器的相关组件，然后建立一个考虑匿名用户访问需求的站点。Windows Server 2008 R2操作系统中自带的IIS 7.0比Windows Server 2008操作系统中的IIS 7.0功能更强大，新版本中增加了新的FTP服务器管理器，对IIS 6.0中难以实现的访问规则需求进行了优化。因此，需要先安装FTP组件，然后建立允许匿名用户访问的FTP站点，"E:\公司产品信息"目录可用FTP中的"虚拟目录"功能来实现，任务实施流程如图2-189所示。

安装FTP服务器组件 → 建立允许匿名用户访问的FTP站点 → 调整用户访问权限 → 客户端测试

图2-189　任务实施流程

什么是FTP

FTP（File Transfer Protocol，文件传输协议）是用于通过 Internet 传输文件的协议。通常将 FTP 用于共享文件供其他用户下载，还可以使用 FTP 上传网页。

任务实施

步骤1　安装FTP服务器组件

1）执行"开始"→"程序"→"管理工具"→"服务器管理器"命令，打开"服务器管理器"窗口，单击"角色"项，然后单击"添加角色"链接，如图2-190所示。在"开始之前"对话框中单击"下一步"按钮，如图2-191所示。

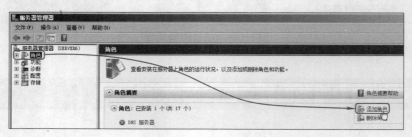

图2-190　添加角色

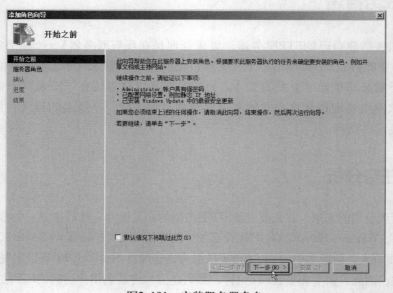

图2-191　安装服务器角色

2）在弹出的"选择服务器角色"对话框中，在"角色"下的列表框中，选中"Web服务器(IIS)"复选框，然后单击"下一步"按钮，如图2-192所示。

3）在"Web服务器（IIS）"对话框中单击"下一步"按钮，如图2-193所示。

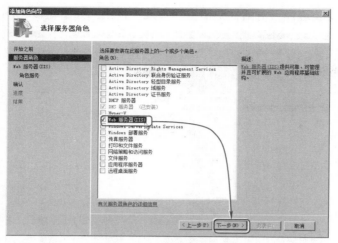

图2-192　选择Web服务器角色

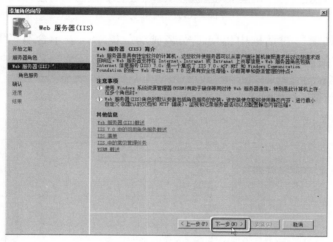

图2-193　Web服务器功能介绍

4）在"选择角色服务"对话框中拖动右侧的滚动条，选中"FTP服务器"复选框，单击"下一步"按钮，如图2-194所示。

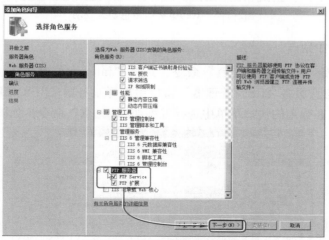

图2-194　选中FTP服务器组件

5）在"确认安装选择"对话框中单击"安装"按钮，如图2-195所示。

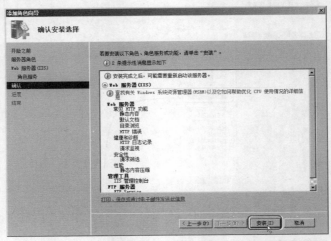

图2-195　确认安装

6）在"安装结果"对话框中出现"安装成功"提示，表示含有FTP组件的IIS服务器安装成功，单击"关闭"按钮完成安装，如图2-196所示。

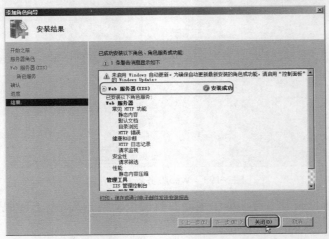

图2-196　Web服务器角色安装成功

步骤2　添加FTP站点

1）执行"开始"→"管理工具"命令，选择"Internet信息服务（IIS）管理器"命令，在"Internet信息服务（IIS）管理器"窗口中展开服务器"SERVER4"，在"网站"上单击鼠标右键，在弹出的快捷菜单中选择"添加FTP站点"命令，如图2-197所示。

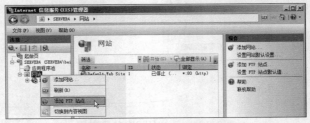

图2-197　添加FTP站点

2）在"站点信息"对话框中输入该站点的名称，然后单击"…"按钮选择当前FTP站点的主目录，本任务中使用"E:\ftp"文件夹来存放公共文件，然后单击"下一步"按钮，如图2-198所示。

3）在"绑定和SSL设置"对话框中使用下拉按钮选中当前服务器的IP地址，在"SSL"选项组中选中"无"单选按钮，然后单击"下一步"按钮，如图2-199所示。

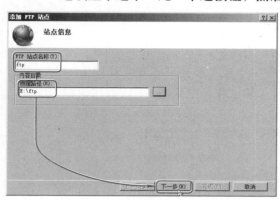

图2-198　设置FTP站点信息

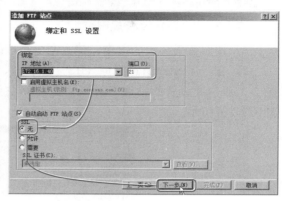

图2-199　设置服务器IP和SSL

　知识链接

什么是SSL

SSL（Secure Sockets Layer，安全套接字层)是为网络通信提供安全及数据完整性的一种安全协议。SSL证书通过在客户端和服务器之间建立一条基于SSL的安全链接，可为Web/FTP服务器颁发服务器证书，用户可通过服务器证书验证站点是否真实可靠。SSL提高安全性的同时，降低了通信的速度。

　经验分享

如何选择是否需要SSL

IIS 7.0在建立FTP站点时，设置SSL项可供用户选择的有3种："无"表示不使用SSL证书，客户端使用FTP访问；"允许"则代表可以使用SSL证书也可选择不使用，客户端使用FTP、FTPS访问均可；"需要"则代表必须向服务器颁发SSL证书，客户端使用FTPS访问。由于FTP使用明文传递用户密码，使得FTP服务器登录密码容易被破解，在没有特别安全性要求的情况下使用"无"，安全性要求极强的环境中建议使用"需要"。

4）在"身份验证和授权信息"对话框中选中"身份验证"选项组中的"匿名""基本"复选框，然后单击"完成"按钮，如图2-200所示。至此，一个具备基本功能的FTP站点创建完毕。

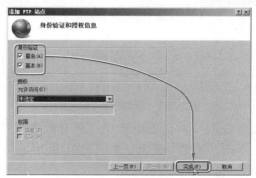

图2-200　设置身份验证

什么是匿名用户

匿名，顾名思义是不使用用户名或不使用真实的用户名。FTP服务中为没有用户名的用户访问设立了anonymous用户，访问者可用此用户登录FTP服务器而无需申请真实的用户账户。需要注意的是，并非所有FTP服务器都开放匿名用户，只有那些用于公共下载的FTP服务器才可能开放匿名用户访问。

步骤3　设置FTP授权规则

1）按照蓝天公司的需求，建立两个经理的用户账户wanghao和renyanjun。

2）在"Internet信息服务（IIS）管理器"窗口中依次展开服务器"SERVER4"→"网站"，双击要设置的站点"ftp"，在"ftp主页"的工作区中双击"FTP授权规则"图标，如图2-201所示。

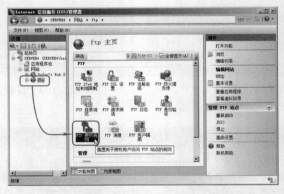

图2-201　修改FTP授权规则

FTP身份验证和授权规则有什么区别

FTP身份验证指的是允许哪些类（基本、匿名）用户访问FTP服务器。FTP授权规则是在用户通过FTP身份验证后，能够访问该FTP站点的权限，在IIS 7.0中，FTP授权规则有"读取"和"写入"两个选项。

3）在"FTP授权规则"窗口的工作区空白处单击鼠标右键，在弹出的快捷菜单中选择"添加允许规则"命令（或直接单击右侧的"添加允许规则"链接），如图2-202所示。

图2-202　添加FTP授权规则

4）在"添加允许授权规则"对话框中选中"所有匿名用户"单选按钮，然后选中"读取"权限的复选框，单击"确定"按钮，如图2-203所示。

5）继续添加允许规则。在"添加允许授权规则"对话框中选中"指定的用户"单选按钮，在对应的文本框中输入经理用户账户"renyanjun"，选中"读取""写入"权限，然后单击"确定"按钮，如图2-204所示。使用相同方法添加用户wanghao的"允许"规则，添加完毕后的结果如图2-205所示。至此，FTP授权规则设置完毕，用户renyanjun、wanghao可对FTP站点的数据进行上传和下载，而其他用户只能使用匿名用户登录下载文件。

图2-203　允许匿名用户读取

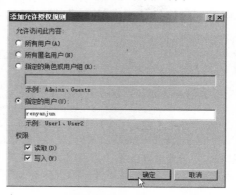

图2-204　添加经理用户账户的读写权限

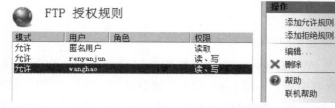

图2-205　FTP授权规则列表

步骤4　添加虚拟目录

1）选中要添加虚拟目录的站点"ftp"，单击鼠标右键，在弹出的快捷菜单中选择"添加虚拟目录"命令，如图2-206所示。

图2-206　为FTP站点添加虚拟目录

知识链接

什么是FTP虚拟目录

FTP虚拟目录是服务器硬盘上通常不位于FTP站点主目录下的物理目录的别名。

由于它是另一个目录的别名，所以用户不知道文件在服务器上的真实物理路径。使用虚拟目录能够方便地在站点中移动目录，随时将要共享的目录发布出去，这样可实现一个站点对多个物理目录的调用，单独控制每个虚拟目录的权限。虚拟目录使FTP站点不只限于FTP主目录内，还使FTP服务器应用更加灵活。

虚拟目录在FTP站点主目录中不显示，访问时需在FTP站点的URL地址中加入虚拟目录名，增加了虚拟目录的安全性。

2）在"添加虚拟目录"对话框中输入虚拟目录的别名，本任务中使用"products"，然后单击"…"按钮来定位对应的物理路径，然后单击"确定"按钮，如图2-207所示。

3）返回"Internet信息服务（IIS）管理器"窗口可看到虚拟目录设置完毕，如图2-208所示。可看到虚拟目录"products"继承了站点"ftp"的身份验证和授权规则。

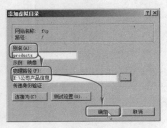

图2-207 设置虚拟目录

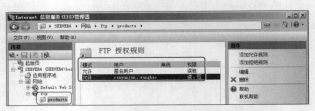

图2-208 虚拟目录设置完毕

 任务测试

步骤1 使用匿名用户登录FTP站点测试

1）打开"计算机"（Windows XP操作系统中为"我的电脑"），在地址栏中输入"ftp://172.16.1.40"（不含双引号），然后按<Enter>键登录FTP站点，默认是以匿名身份登录，可以看到FTP站点里的内容，如图2-209所示。此时在工作区空白处单击鼠标右键，在弹出的快捷菜单中选择"新建"→"文件夹"命令。

2）由于该站点的FTP授权规则只允许匿名用户读取，并无写入权限，此处创建文件夹会弹出错误提示，如图2-210所示。

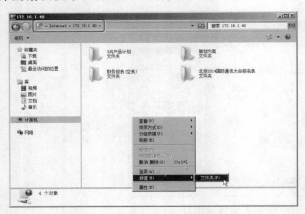

图2-209 使用匿名用户登录FTP站点

图2-210 匿名用户写入失败

步骤2 使用经理账户登录FTP站点测试

1）直接输入FTP站点的URL地址默认使用匿名身份登录，在此窗口工作区空白处单击鼠标右键，在弹出的快捷菜单中选择"登录"命令，如图2-211所示。

2）在弹出的"登录身份"对话框中输入经理账户，本任务中输入用户名"wanghao"及其密码，单后单击"登录"按钮，如图2-212所示。

图2-211　登录FTP站点

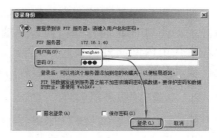
图2-212　使用wanghao登录

3）登录后在浏览器工作区空白处单击鼠标右键，在弹出的快捷菜单中选择"新建"→"文件夹"命令，可看到新建文件夹成功，与FTP授权规则设置一致，如图2-213所示。也可删除文件或文件夹，过程略。

图2-213　写入文件测试

步骤3　登录虚拟目录

在"计算机"地址栏中FTP站点的URL地址中加入虚拟目录名称（ftp://172.16.1.40/products）即可访问虚拟目录，如图2-214所示。

图2-214　虚拟目录内容

相关知识

1. FTP主动传输和被动传输模式

FTP服务支持主动模式和被动模式两种连接类型，采用何种模式取决于客户端的指定。在默认情况下，服务器使用TCP 21端口用于控制连接，数据连接端口是否是TCP 20，客户端默认使用主动传输模式。

主动模式是由客户端管理连接的，客户端向服务器发送PORT命名，请求服务器使用TCP 20端口和客户端的临时端口（1024和65 535之间的可用端口中随机选择）进行通信。

被动模式是由服务器管理连接的，客户端向服务器发送 PASV 命令，服务器会使用它的一个临时端口响应此 PASV 命令，服务器不再使用TCP 20端口与客户端通信，而是开启一个临时端口与客户端进行通信。

如果客户端是通过防火墙等出口设备配置NAT连接到外网的，那么此时主动连接时服务器主动使用TCP 20号端口向客户端发起连接，有可能被客户端的防火墙拦截。原因是防火墙信任由内网向外网发起的连接，而不信任由外网（服务器端）向内网发起的连接。因此，被动传输模式适用于客户端有防火墙的环境中，可在FTP客户端中更改传输模式。

2．主流FTP服务器软件

除IIS外，能够实现FTP服务器的软件还有很多。其中应用较为广泛的有Server-U，它不仅支持多种Windows操作系统，而且支持Linux操作系统，可以设定多个FTP服务器、限定登录用户的权限、登录主目录及空间大小等，而且支持FTPS、HTTPS等方式登录FTP服务器。此外，Linux/UNIX系统下的vsftpd也是应用较为广泛的FTP服务器，是"very secure FTP daemon"的缩写，具有安全、免费、开放源代码等特点。

任务拓展

实践

1）建立一个只允许匿名下载文件的FTP站点。

2）下载并使用Server-U软件建立一个FTP站点，该站点要能实现本任务中的所有要求。

思考

在访问FTP站点时，能否利用"ftp://wanghao:123@abc.com"访问FTP站点？其中"wanghao:123"部分代表什么？

任务2　建立用户隔离的FTP站点（配微课）

任务描述

蓝天公司已经建立了一个FTP站点，两个经理用户能够上传一些通知文件，员工可用匿名用户登录进行下载，感受到了FTP服务器的便捷。

公司准备建立一个存放用户数据的FTP空间，要求每个员工只能访问自身空间，可读可写，不能访问他人空间。员工可用匿名身份登录并访问这个FTP站点公共空间的数据。

任务分析

根据蓝天公司对FTP服务器新的需求，需要使用不同端口号建立第2个FTP站点，为每名员工建立用户账户和存放数据的文件夹，使用IIS 7.0的隔离用户功能来确保每位员工在自己的空间内读写文件，为了便于设置FTP授权规则，需要将用户划分到特定的组中。如果没有此站点上的用户账户，依然可以用匿名用户访问公共空间，但只能下载数据。

 任务实施

扫码看微课

步骤1　建立用户账户及其所隶属的组

本任务中建立2个员工用户账户用于测试，用户名为"zhaoqian""xuchao"，并建立组"yuangong"，将2个用户账户添加到该组，创建完毕后如图2-215所示。

步骤2　建立FTP站点

图2-215　建立用户和组

1）执行"开始"→"管理工具"→"Internet信息服务（IIS）管理器"命令，在"Internet信息服务（IIS）管理器"窗口中展开服务器"SERVER4"，在"网站"上单击鼠标右键，在弹出的快捷菜单中选择"添加FTP站点"命令。

2）在"站点信息"对话框中输入该站点的名称，然后单击"…"按钮来选择当前FTP站点的主目录。本任务中使用"E:\员工ftp"文件夹作为用户隔离FTP站点的主目录，然后单击"下一步"按钮，如图2-216所示。

3）在"绑定和SSL设置"对话框中使用下拉按钮选中当前服务器IP地址，并在"端口"下的文本框内输入2121（由于第一个FTP站点已经占用了21号端口，在此处使用2121端口），在"SSL"选项组中选中"无"单选按钮，然后单击"下一步"按钮，如图2-217所示。

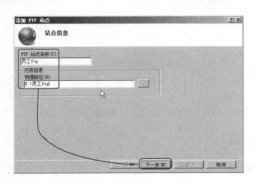

图2-216　设置FTP站点主目录

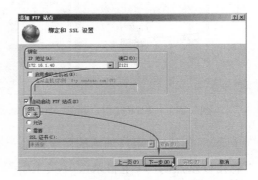

图2-217　设置FTP站点IP和端口号

4）在"身份验证和授权信息"中选中"身份验证"选项组中的"匿名""基本"复选框，然后单击"完成"按钮。

步骤3　设置FTP授权规则

1）设置匿名用户的FTP授权规则，允许所有匿名用户具有"读取"权限。

2）设置指定用户的FTP授权规则，添加允许规则，在"添加允许授权规则"对话框中

学习单元2

选中"指定的角色或用户组"单选按钮，在其对应的文本框中输入组名"yuangong"，选中"读取""写入"复选框，然后单击"确定"按钮，如图2-218所示。

3）设置完毕后，站点的FTP授权规则如图2-219所示。

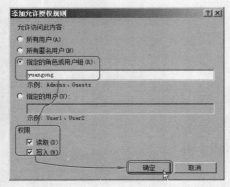

图2-218　设置组的允许规则

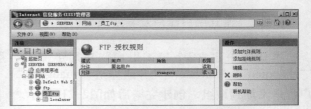

图2-219　站点"员工ftp"的授权规则

步骤4　设置FTP用户隔离

1）在"Internet信息服务（IIS）管理器"窗口中双击站点"员工ftp"，在工作区双击"FTP用户隔离"图标，如图2-220所示。

2）在"FTP用户隔离"页面内选择"隔离用户。将用户局限于以下目录："下的"用户名目录（禁用全局虚拟目录）"单选按钮，然后单击右侧的"应用"链接，如图2-221所示。

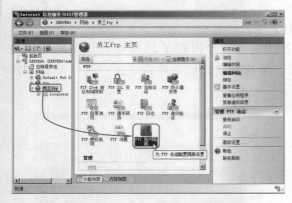

图2-220　设置FTP用户隔离

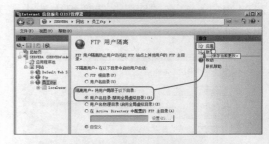

图2-221　设置FTP隔离类型并应用

步骤5　创建FTP用户隔离的目录结构

需在该站点的FTP主目录"E:\员工ftp"下创建"localuser"文件夹，再创建对应的用户名文件夹，其中匿名用户对应"public"文件夹，其他用户文件夹名必须与对应的用户名一致，如图2-222所示。

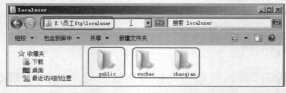

图2-222　用户隔离FTP站点的目录结构

经验分享

用户隔离不成功是什么原因

配置FTP用户隔离时，成功与否的关键有两点：用户名和目录结构。为了便于区分，先在系统创建用户账户，建议使用英文字母。配置FTP站点主目录时要注意，站点的主目录应为localuser的上一级目录，localuser是本地隔离方式语法要求的固定文件夹名，不区分大小写，中间没有空格。localuser下的用户名目录必须和建立的用户名称一致，否则会出现某一用户无法登录的情况。隔离方式的更多用法和注意事项参见本任务"相关知识"。

任务测试

为了直观看出测试效果，管理员在用户目录下预先放置了一些文件，见表2-6。

表2-6　用户目录原有文件对应

用　　户	用 户 目 录	预 置 文 件	预置文件夹
anonymous（匿名）	public	放假安排.bmp	公共数据
zhaoqian	zhaoqian	zhaoqian的文件.txt	——
xuchao	xuchao	xuchao的文件.txt	——

步骤1　匿名用户登录测试

1）在"计算机"地址栏中输入"ftp://172.16.1.40:2121"（不含双引号），然后按<Enter>键登录FTP站点，可看到默认登录的匿名账户对应的目录内容，如图2-223所示。

2）在该目录测试写入权限（创建文件夹）失败，如图2-224所示。

图2-223　使用匿名用户登录站点

图2-224　写入失败

步骤2　用户zhaoqian登录测试

1）在匿名用户登录状态下，在工作区空白区域单击鼠标右键，在弹出的快捷菜单中选择"登录"命令，如图2-225所示。

2）在"登录身份"对话框中输入用户名"zhaoqian"及其密码，然后单击"登录"按钮，如图2-226所示。

图2-225　登录FTP

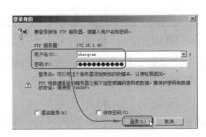
图2-226　输入FTP用户名及密码

3）zhaoqian用户登录后，已成功访问到对应的主目录，如图2-227所示。

图2-227　zhaoqian的主目录

步骤3　用户xuchao登录测试

使用用户账户xuchao及其密码登录站点，也已成功访问到对应的主目录，如图2-228所示。使用创建文件夹的方式测试表明"写入"权限与站点设置一致。

图2-228　xuchao的主目录

 相关知识

FTP用户隔离的3种类型、区别及其用法

（1）"隔离用户。将用户局限于以下目录：用户名目录（禁用全局虚拟目录）"

该隔离方式是按用户名物理目录隔离，用户只能访问其自身的 FTP 根位置（即用户名目录）。使用时需为每个用户创建主目录，并且位于站点FTP 主目录下的localuser目录下。全局虚拟目录是指根级别的虚拟目录，即直接位于FTP主目录下的虚拟目录，由于这些虚拟目录和localuser同一级别，是用户主目录父级，此时用户不可访问全局虚拟目录。

使用隔离用户必须遵循固定的语法格式，例如，"C:\Inetpub\Ftproot"是站点的主目录，"BEIJING"为域"beijing.com"的NetBIOS名，"zhangsan"为本地用户，"lisi"为"beijing.com"内的一个域账户，则目录结构见表2-7。

表2-7　FTP隔离用户语法结构示例

用户账户类型	用户主目录语法示例
匿名用户	C:\Inetpub\Ftproot\LocalUser\Public
本地 Windows 用户账户	C:\Inetpub\Ftproot\LocalUser\zhangsan
Windows域账户	C:\Inetpub\Ftproot\BEIJING\lisi

（2）"隔离用户。将用户局限于以下目录：用户名物理目录（启用全局虚拟目录）"

除可以访问在 FTP 站点根级别的虚拟目录外，其他限定与"用户名目录（禁用全局虚拟目录）"的隔离方式相同。

（3）"隔离用户。将用户局限于以下目录：在 Active Directory 中配置的 FTP 主目录"

该隔离方式用在Active Directory 环境中，将提取域用户的 FTPRoot 和 FTPDir 属性来确定用户的FTP主目录。

趣图学知

用户名目录隔离方式的类比

在FTP用户隔离方式中，使用较多的是用户名目录隔离，以本地服务器隔离为例，其隔离原理如图2-229所示。

第一步：用户登录时首先要进入FTP站点的主目录，如同进入了"FTP大街"。

第二步：如果是本地用户就需要进入localuser目录，如同进入了"localuser小区"。

第三步：进入localuser目录要进行用户名目录的匹配，如果是匿名用户则被分配到public目录内，如同进入了"public休息区"。如果要使用具体的用户名登录，登录后就需要匹配用户名，只有找到与之对应一致的目录，才能进入该目录，如同"张三"进入了"张三"家。

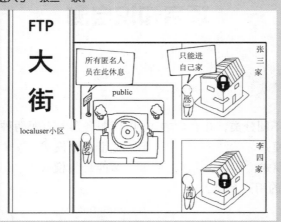

图2-229　用户名目录隔离原理示意

任务拓展

实践

1）使用IIS 7.0创建一个FTP站点，要求使用"隔离用户。将用户局限于以下目录：用户名物理目录（启用全局虚拟目录）"方式，为3个不同的用户分配不同的私有空间。

2）在Windows命令提示符窗口下使用ftp命令登录FTP服务器，下载一个文件到本地桌面。

思考

若要创建一个不允许匿名用户登录的FTP站点，应修改站点的哪些设置？为什么？

项 目 总 结

在本项目中学习了FTP的基本概念，包括主目录、FTP身份验证、匿名用户、FTP授权规则、FTP用户隔离、用户名目录、全局虚拟目录等，为FTP服务器的配置奠定了理论基础。

在项目实施过程中，需先安装FTP组件，在Windows Server 2008 R2操作系统中FTP

组件位于IIS 7.0下。建立FTP站点时，根据用户能否访问设置身份验证，还可以对通过身份验证的用户设置访问规则。只允许匿名用户读取的FTP站点一般用于软件下载，而利用FTP用户隔离功能建立的站点一般用在有私有存储空间需求的环境中。

　　访问规则、目录结构之间有先后顺序，在项目实施中要做到细致认真。由于FTP服务器的目录中存放了用户数据，作为管理员要具备良好的职业道德，做到不私自查看、修改用户的文件。

项目知识自测

1）按控制连接的不同分类，在客户端访问FTP服务器时有哪两种传输模式？（选2项）
　　A．主动传输模式　　　　　　　　B．宽带传输模式
　　C．被动传输模式　　　　　　　　D．智能传输模式

2）匿名用户对应的用户名是？
　　A．niming　　　　　　　　　　　B．noname
　　C．anonymous　　　　　　　　　D．user

3）下列关于FTP身份验证和FTP授权规则叙述正确的有哪些？（选2项）
　　A．FTP身份验证用来确定允许哪些用户登录FTP站点
　　B．FTP授权规则用来确定允许哪些用户登录FTP站点
　　C．FTP授权规则是在用户通过FTP身份验证后，能够访问该FTP站点的权限
　　D．FTP身份验证用户确定FTP站点采用何种用户隔离方式

4）以下URL中，哪些符合登录FTP服务器的语法格式？（选5项）
　　A．ftp://wanghao:123@192.168.1.5　　B．ftp://192.168.1.5
　　C．ftp://ftp.abc.com　　　　　　　　D．ftp://ftp.abc.com/news
　　E．ftp.abc.com　　　　　　　　　　F．ftp://wanghao@ftp.abc.com

5）能够建设FTP站点的软件（包）有哪些？（选3项）
　　A．RTX　　　　　　　　　　　　B．vsftpd
　　C．IIS 7.0　　　　　　　　　　　D．Serv-U

单元实践

　　烽火公司有服务器使用需求，要求系统管理员完成系统安装、服务配置和客户测试的所有工作。具体要求如下：

安装服务器操作系统

序号	服务器需求	权重
1	在服务器1上，安装Windows Server 2008 R2操作系统，C盘30GB，其余磁盘空间划分给D盘，并安装相应驱动程序，计算机名为Server1	5%
2	在服务器2上，安装Windows Server 2008 R2操作系统，C盘30GB，其余磁盘空间划分给D盘，并安装相应驱动程序，计算机名为Server2	5%

设置服务器信息、分配服务器角色

序号	服务器需求	权重
1	Server1角色：DNS服务器、即时通信服务器 将服务器1的IP地址设置为10.1.1.201/24，网关设置为10.1.1.1	5%
2	Server2角色：Web服务器、FTP服务器 将服务器2的IP地址设置为10.1.1.202/24，网关设置为10.1.1.1	5%

安装、配置与调试服务器

序号	服务器需求	权重
1	将server1配置成为DNS服务器，具体要求如下： 建立正向解析区域fenghuo.cc 建立2条主机记录：server1.fenghuo.cc指向10.1.1.201，server2.fenghuo.cc指向10.1.1.202 建立4条别名记录： rtx.fenghuo.cc指向server1.fenghuo.cc www1.fenghuo.cc指向server2.fenghuo.cc www2.fenghuo.cc指向server2.fenghuo.cc ftp.fenghuo.cc指向server2.fenghuo.cc	15%
2	将server1配置成为即时通信服务器 关闭用户申请 建立"销售1"～"销售4"4个部门，每部门下建立2个用户账户，用户名任意	15%
3	将server2配置成为Web服务器，具体要求如下： 建立两个简易站点，分别位于C:\www1和C:\www2下，首页文件为www1.html和www2.html，首页内容任意 建立基于主机头值不同的虚拟主机，将C:\www1下的站点使用www1.fenghuo.cc发布，将C:\www2下的站点使用www2.fenghuo.cc发布	15%
4	将server2配置成为FTP服务器，具体要求如下： 建立用户yuangong1～yuangong10共10个用户账户 设置FTP主目录为c:\ftp-pub，创建基于用户名隔离（禁用全局虚拟目录）的FTP站点，使yuangong1～yuangong10均具有读取和写入权限 设置FTP服务器的最大并发连接数为20	15%

测试与验收服务器

序号	服务器需求	权重
1	将客户机首选DNS服务器指向Server1，测试fenghuo.cc中的主机、别名记录能否解析	5%
2	在Server1和Server2上分别安装腾讯通RTX客户端，并使用不同部门的用户账户登录，互发2条以上文字消息	5%
3	在Server1上分别访问www1.fenghuo.cc和www2.fenghuo.cc	5%
4	在Server1上访问Server2上的FTP站点，使用yuangong9登录，测试是否具有读写权限，并查看用户隔离设置是否成功	5%

学习单元2

学习单元2

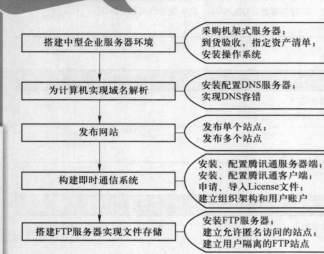

考 核 内 容	评 价 标 准
搭建中型网络服务器环境	机架式服务器选购满足企业资金、使用需求 开箱验收清点数量准确，验收报告填写规范 安装Windows Server 2008 R2操作系统及时，设置信息填写正确 完成加电测试，记录服务器硬件信息完整
为计算机实现域名解析	DNS服务器安装准确 DNS域名选取合理 主机、别名、PTR命名规范合理 能够完成域名解析 转发器设置正确，能够完成非内网区域的解析 辅助区域设置正确，能够从主要区域内同步区域记录
发布网站	成功安装IIS 7.0 默认站点能够打开，Web服务正常运行 准确定位网站主目录，实现单个站点发布 主机头值绑定正确，实现多个站点发布
构建即时通信系统	成功安装腾讯通服务器端 腾讯通Web部署正常，能够通过Web访问 使用测试账号，可以完成正常的登录 在线申请License文件成功 在RTX管理器中，创建的组织构架与公司部门结构一致 能够使用"快速导入用户"的方式创建员工账号
搭建FTP服务器实现文件存储	FTP组件安装成功 匿名用户权限设置合理 身份验证、授权规则设置准确，确保站点安全 用户隔离方式选取合理，能够实现用户目录隔离 理解端口含义，能够使用URL访问指定端口的FTP服务器

UNIT 3

配置大型企业服务器

PEIZHI DAXING QIYE FUWUQI

在大型企业中通过使用Active Directory域，可将网络中的多台计算机在逻辑上组织到一起，对网络资源进行集中管理，让用户可以更便捷安全地访问网络资源，从而大大降低网络管理成本，如图3-1所示。

除此之外，在大型企业里大部分服务都是基于群集建立的，负载平衡群集是一种廉价且有效的扩展服务器带宽和增加服务性能的技术手段，它可以加强服务器的处理能力，提高网络的灵活性和可用性，防止单点故障造成损失，如图3-2所示。

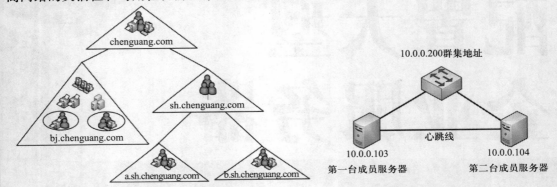

| 图3-1　域逻辑组织管理 | 图3-2　负载平衡逻辑图 |

本单元从安装Active Directory开始，学习如何管理域模式计算机、对域模式计算机进行统一部署、升级更新Active Directory、迁移Active Directory和配置网络服务的负载平衡。

1）具备提炼服务器方案有效信息的能力。

2）初步具备Active Directory域的规划与设计能力。

3）具备安装与配置Active Directory服务器实现资源统一管理的能力。

4）具备将Active Directory服务升级到更高版本的能力。

5）具备将Active Directory服务迁移到其他服务器且正常运行的能力。

6）具备调试网络服务的能力。

7）具备安装与配置负载平衡服务器实现服务冗余的能力。

8）具备独立思考，依据工作需要学习新知识、新技术的能力。

9）具备与人团结协作的能力。

10）具备协调网络资源，保证服务器高效运行的能力。

单元情境

　　晨光公司发展至今已经成为行业领先企业，公司规模较大，拥有约200台计算机、100台笔记本计算机和10余台服务器。由于客户机较多，目前的系统管理员没有办法对终端进行统一有效的维护和部署，这给公司的IT部门带来巨大的工作量。经过部门内部讨论，总结出了目前公司几个需要解决的问题。

　　1）目前公司电子产品资产比较多，按照行政部的要求，IT部门需要对资产使用人和地点等信息进行登记，以便控制企业资产和安全性管理。

　　2）公司为所有员工配备了计算机，而每个员工根据自己的喜好安装了不同的软件，其中部分软件会影响终端的使用，所以现在IT部门想为所有终端统一部署软件环境，提高员工工作效率。

　　3）电子产品的更新换代速度非常快，IT部门需要站在不同角度考虑服务器的操作系统和管理手段。

　　4）随着公司的壮大，目前Web服务器已经不能满足日常的业务需求，需要通过一些手段来提高Web服务的高可用性。

项目1　使用Active Directory 实现资源统一管理

项目描述

　　晨光公司为了更好地管理员工所使用的终端，要求通过Windows Server操作系统中的Active Directory功能进行Windows客户端的管理，以提高员工工作效率，实现更多的管理目的。

项目分析

　　本项目要进行Active Directory的部署，通过Active Directory自身功能对客户端进行进一步的应用管理。安装完Active Directory后，将所有客户端加入企业域中，之后统一安装部门所需的软件，最后进行安全管理，项目实施流程如图3-3所示，项目实施网络拓扑如图3-4所示。

图3-3　项目实施流程

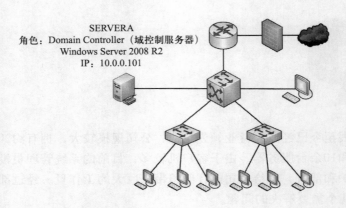

SERVERA
角色：Domain Controller（域控制服务器）
Windows Server 2008 R2
IP：10.0.0.101

图3-4　网络拓扑

知识链接

什么是Active Directory

　　Active Directory可将网络资源按照有序的方法进行分类和管理，这里提到的网络资源是指服务器、客户机、用户账户、打印机或扫描仪等。Active Directory可以帮用户找到一台在某个办公室的打印机，找到一个用户或者验证用户是否对某个共享有访问权限。同时还支持单一登录（SSO），即一次登录后就可以访问整个网络。

任务1　安装Windows Active Directory（配微课）

任务描述

　　晨光公司系统管理员要在现有Windows Server 2008 R2服务器上安装Windows Active Directory服务，以满足公司行政部门登记固定资产的需求和IT部门统一管理的需求。

任务分析

　　整个Active Directory安装过程是通过系统向导进行的，但在安装前，管理员需要确定正确的企业域名、DNS系统命名规则和网络参数，这些参数在完成Active Directory安装后变更会中断整个Active Directory服务，中断服务会造成企业不可估量的损失。任务实施流程如图3-5所示。

添加Active Directory角色 ➡ 使用dcromo进行安装 ➡ 配置服务 ➡ 完成安装

图3-5　任务实施流程

任务实施

扫码看微课

步骤1　使用添加角色向导安装Active Directory服务

1）执行"开始"→"服务器管理器"命令，打开"服务器管理器"窗口，如图3-6所示。

2）在"服务器管理器"窗口中，在"角色"上单击鼠标右键，在弹出的快捷菜单中选择"添加角色"命令，如图3-7所示。

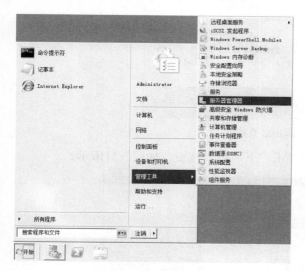

图3-6 打开服务器管理器

图3-7 服务器管理器

3）打开"添加角色向导"，在"开始之前"对话框中单击"下一步"按钮，如图3-8所示。

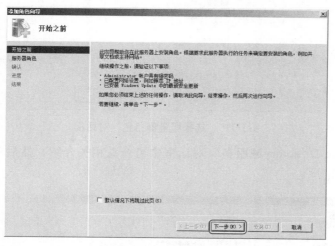

图3-8 "开始之前"对话框

4）在"选择服务器角色"对话框中选中"Active Directory 域服务"复选框，如图3-9所示。

图3-9 "选择服务器角色"对话框

5）在弹出的"是否添加Active Directory域服务所需的功能？"对话框中，单击"添加必需的功能"按钮，如图3-10所示。

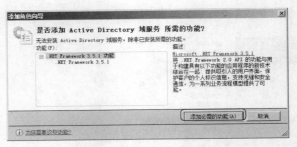

图3-10　添加必要功能

6）返回"选择服务器角色"对话框中单击"下一步"按钮，如图3-11所示。

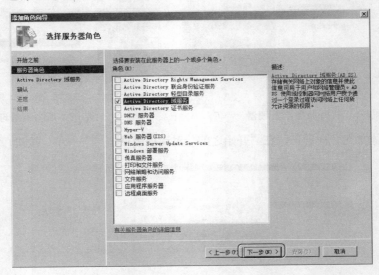

图3-11　"选择服务器角色"对话框

7）在"Active Directory域服务"对话框中可查看相关介绍，然后单击"下一步"按钮，如图3-12所示。

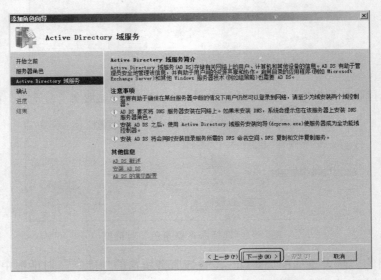

图3-12　"Active Directory域服务"对话框

8）在"确认安装选择"对话框中，单击"安装"按钮，如图3-13所示。

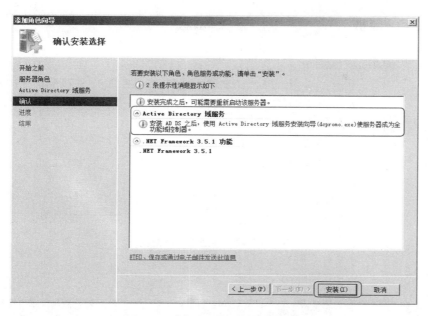

图3-13 "确认安装选择"对话框

9）系统开始安装Active Directory域服务和其所必需的相关组件，如图3-14所示。

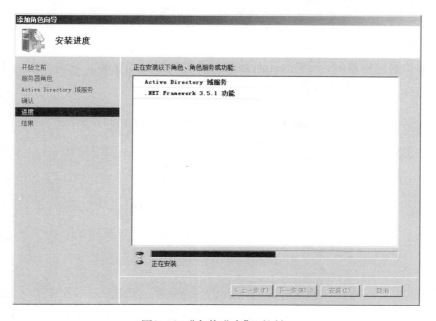

图3-14 "安装进度"对话框

10）出现"安装结果"对话框，阅读后单击"关闭该向导并启动Active Directory域服务安装向导（dcpromo.exe）。"链接来创建域控制器，如图3-15所示。

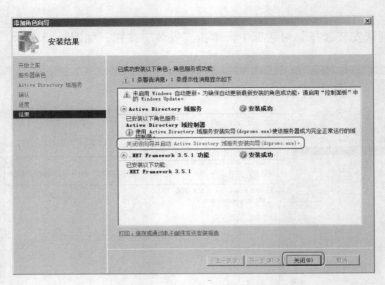

图3-15 "安装结果"对话框

如何打开域安装向导

如果不慎关闭了该对话框，则可以执行"开始"→"运行"命令，输入"dcpromo.exe"，通过该命令可以打开"Active Directory域安装向导"。在早期的Windows Server版本中系统管理员必须通过命令手动启动"Active Directory域安装向导"。

步骤2 使用dcpromo.exe安装域服务

1）弹出"欢迎使用Active Directory域服务安装向导"对话框，单击"下一步"按钮，如图3-16所示。

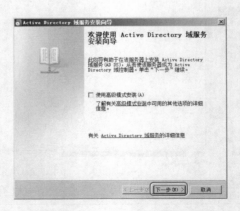

图3-16 "欢迎使用Active Directory域服务安装向导"对话框

2）在"操作系统兼容性"对话框中，阅读内容，单击"下一步"按钮，如图3-17所示。

3）在"选择某一部署配置"对话框中，选中"在新林中新建域"单选按钮，单击"下一步"按钮，如图3-18所示。

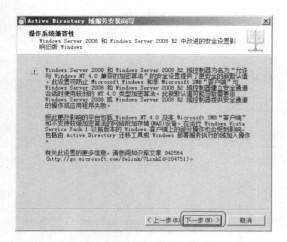

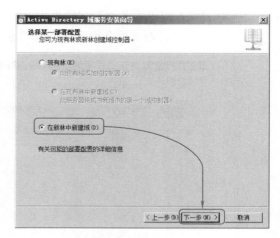

图3-17 "操作系统兼容性"对话框   图3-18 "选择某一部署配置"对话框

 知识链接

什么是域、什么是林

    域是"网络"对象（用户、组、计算机等）的分组，域中所有的对象都存储在Active Directory中，Active Directory也可以由一个或多个域组成。

    一个或多个域树可以组成林，同一个林中的域也可以相互共享架构、站点和复制以及全局编录。在新林中创建的第一个域是该林的根域。

    4）在"命名林根域"对话框中输入企业域名"chenguang.com"，并单击"下一步"按钮，如图3-19所示。

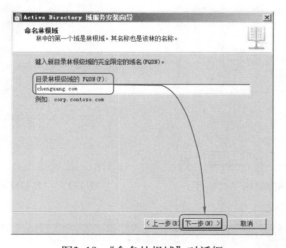

图3-19 "命名林根域"对话框

 **温馨提示**

提前规划好域名

    管理员必须提前规划好Active Directory 域名，这项参数在完成Active Directory安装后变更会中断整个Active Directory服务，中断服务会造成企业不可估量的损失。

学习单元3

5）在"域NetBIOS名称"对话框中单击"下一步"按钮，如图3-20所示。

6）系统检查是否有重名等名称冲突问题，无需用户操作，等待即可，如图3-21所示。

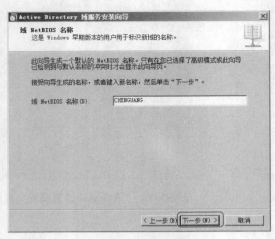

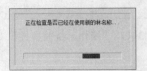

图3-20 "域NetBIOS名称"对话框　　　　　图3-21 安装过程

7）在"设置林功能级别"对话框中设置林功能级别为"Windows Server 2008 R2"级别，并单击"下一步"按钮，如图3-22所示。

8）在"其他域控制器选项"对话框中选中"DNS服务器"复选框，并单击"下一步"按钮，如图3-23所示。

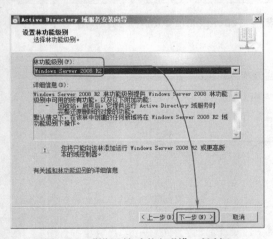

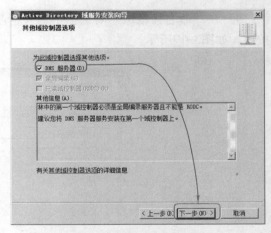

图3-22 "设置林功能级别"对话框　　　　　图3-23 "其他域控制器选项"对话框

 知识链接

什么是全局编录（GC）

　　全局编录是Active Directory域服务（AD DS）中所有对象的集合。全局编录服务器是一个控制器，它存储林中主持域的目录中所有对象的完全副本以及所有其他域中所有对象的部分只读副本。同时全局编录服务器负责提供全局编录查询服务。

9）单击"数据库、日志文件和SYSVOL的位置"对话框中的"下一步"按钮，如图3-24所示。

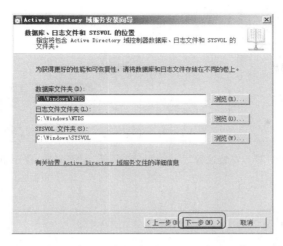

图3-24 "数据库、日志文件和SYSVOL的位置"对话框

 知识链接

SYSVOL文件夹

SYSVOL文件夹是用来存储域公共文件服务器副本的共享文件夹,例如,系统组策略设置、脚本等都是保存在这个共享目录中的。如果组织内有多台域控制器,那么它们就在域中所有的域控制器之间通过FRS服务进行相互复制,以提高Active Directory管理效率。

10)在"目录服务还原模式的Administrator密码"对话框中设置密码,并单击"下一步"按钮,如图3-25所示。

11)在"摘要"对话框中查看配置集合结果,并单击"下一步"按钮,如图3-26所示。

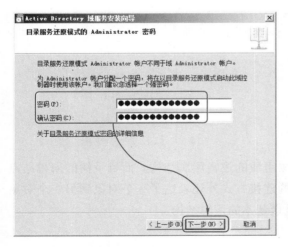

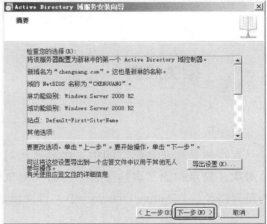

图3-25 "目录服务还原模式的Administrator密码"对话框   图3-26 "摘要"对话框

12)系统开始自动安装和设置Active Directory,无需操作,等待即可,如图3-27所示。

13)安装完成,单击"立即重新启动"按钮来完成服务器的重启,如图3-28所示。

学习单元3

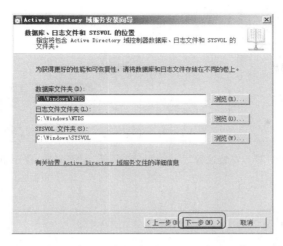

图3-24 "数据库、日志文件和SYSVOL的位置"对话框

 知识链接

SYSVOL文件夹

SYSVOL文件夹是用来存储域公共文件服务器副本的共享文件夹,例如,系统组策略设置、脚本等都是保存在这个共享目录中的。如果组织内有多台域控制器,那么它们就在域中所有的域控制器之间通过FRS服务进行相互复制,以提高Active Directory管理效率。

10)在"目录服务还原模式的Administrator密码"对话框中设置密码,并单击"下一步"按钮,如图3-25所示。

11)在"摘要"对话框中查看配置集合结果,并单击"下一步"按钮,如图3-26所示。

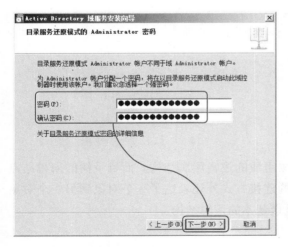

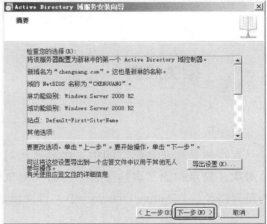

图3-25 "目录服务还原模式的Administrator密码"对话框   图3-26 "摘要"对话框

12)系统开始自动安装和设置Active Directory,无需操作,等待即可,如图3-27所示。

13)安装完成,单击"立即重新启动"按钮来完成服务器的重启,如图3-28所示。

学习单元3

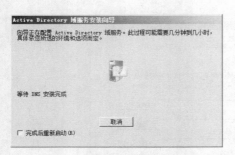

图3-27　安装过程　　　　　　　　　图3-28　提示重启对话框

任务测试

执行"开始"→"服务器管理器"命令，弹出"服务器管理器"窗口，单击展开"角色"→"Active Directory域服务"→"Active Directory用户和计算机"→"chenguang.com"，如图3-29所示。如果能看到图3-29中所示的子文件夹，则证明该Active Directory域服务安装完成。

图3-29　Active Directory用户和计算机

相关知识

目录树

目录树是指在名称空间中，由容器和对象组成的逻辑层次结构。而目录树的末梢结点是对象。目录树除了表达了各个容器和对象的连接方式外还表达了一个对象到另一个对象的逻辑路径。在Active Directory中，目录树是最基本的逻辑结构。

趣图学知

工作组模式和域模式的区别如图3-30所示。工作组模式的计算机是对等的关系，由计算机或服务器自主管理，随时可加入和退出工作组。域模式，是由域控制器的一个计算机分组，加入和退出域都必须由域管理员操作（或者具有登录域的用户账户），域内成员服务器和计算机的策略遵循域策略优先的原则。管理模式的不同是二者的最大区别。

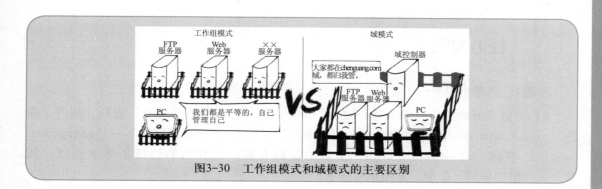

图3-30　工作组模式和域模式的主要区别

 任务拓展

实践

伟天公司域名为weitian.com，伟天公司也想从原来的工作组模式变更到域模式，请为伟天公司构建域环境。

思考

安装Active Directory服务的机器称为DC（域控制器），域里其他提供服务的服务器称为成员服务器，DC只能用域用户登录，而成员服务器却能登录到本地，这是为什么？

任务2　管理域用户

 任务描述

晨光公司Active Directory服务已经部署完毕，此时系统管理员要为员工分配账户，除此之外针对不同工作岗位的员工，账户登录的时间也有严格控制，例如，像一线店面销售人员，必须按照约定的时间登录。

 任务分析

根据晨光公司的企业环境和要求，要为每一位员工建立一个独立的用户账户，并修改每个账户的属性信息，对用户登录时间进行限制，任务实施流程如图3-31所示。

创建组织单位 ➡ 创建用户 ➡ 限制用户登录时间

图3-31　任务实施流程

任务实施

步骤1　创建组织单位

1）执行"开始"→"服务器管理器"命令，打开"服务器管理器"窗口，展开"角色"→"Active Directory域服务"→"Active Directory用户和计算机"→"chenguang.com"，在域"chenguang.com"上单击鼠标右键，在弹出的快捷菜单中选择"新建"→"组织单位"命令，如图3-32所示。

图3-32　服务器管理器

　知识链接

什么是组织单位

组织单位是承载用户、组、计算机和其他单位的容器，是可以指派组策略或委派管理权限的域或单元。通常在企业中，每个组织单位就是一个相对独立的部门。

2）在"新建对象-组织单位"对话框中填写相关部门的信息，然后单击"确定"按钮，如图3-33所示。

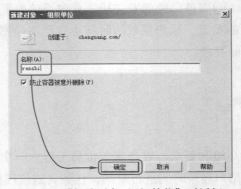

图3-33　"新建对象-组织单位"对话框

步骤2　创建用户

1）在"服务器管理器"中，在组织单位"renshi"上单击鼠标右键，在弹出的快捷菜单中选择"新建"→"用户"命令，如图3-34所示。

图3-34　服务器管理器

2）在"新建对象-用户"对话框中填写相关信息以及登录名称，然后单击"下一步"按钮，如图3-35所示。

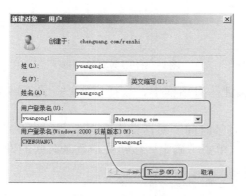

图3-35　新建用户

知识链接

域用户和本地用户的区别

　　域用户和本地用户的区别就在于身份验证的方式不同，本地用户是通过本地SAM文件进行身份验证，账户文件存放在本地。域用户则通过一台域控制器进行身份验证，账户文件存放在域控制器上。

3）填写初始化密码，并取消选中"用户下次登录时须更改密码"复选框，选中"用户不能更改密码""密码永不过期"复选框，然后单击"下一步"按钮，如图3-36所示。

4）查看信息无误后，单击"完成"按钮，如图3-37所示。

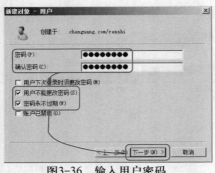

图3-36 输入用户密码

图3-37 用户信息

步骤3 限制用户登录时间

1) 在"服务器管理器"窗口中,找到对应的组织单位,在需要限制的用户"yuangong1"上单击鼠标右键,在弹出的快捷菜单中选择"属性"命令,如图3-38所示。

图3-38 服务器管理器

2) 在"yuangong1属性"对话框中,选择"账户"选项卡,再单击"登录时间"按钮,如图3-39所示。

3) 在"yuangong1的登录时间"对话框中,选中"拒绝登录"单选按钮,选中不允许登录的时间(白色区域),单击"确定"按钮完成登录时间的设置,如图3-40所示。

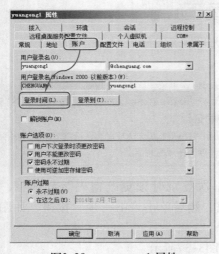

图3-39 yuangong1 属性

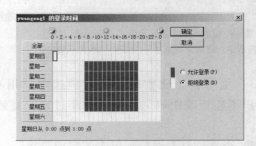

图3-40 yuangong1的登录时间

"允许登录"和"拒绝登录"可灵活使用

在登录时间限制对话框中，蓝色区域表示允许登录时间，白色区域表示拒绝登录时间，可组合灵活使用。本任务中也可使用"允许登录"来选中登录时间（即蓝色区域）。在设置一个复杂的时间时，例如，某用户除星期二8:00到10:00外，星期一到星期五的早9:00到晚17:00均可登录，二者可结合使用比单独选定操作速度更快。

任务测试

步骤1　将计算机加入chenguang.com域

1）修改客户机"本地连接"属性，将客户机"首选DNS服务器"地址指向chenguang.com域的域控制器"10.0.0.101"，修改完毕后单击"确定"按钮退出，如图3-41所示。

2）单击"开始"按钮，在"计算机"图标上单击鼠标右键，在弹出的快捷菜单中选择"属性"命令，如图3-42所示。

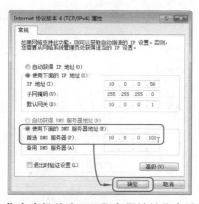

图3-41　将客户机首选DNS服务器地址指向域控制器

图3-42　修改计算机属性

3）在"系统"窗口单击右下角的"更改设置"链接，如图3-43所示。

4）在弹出的"系统属性"对话框的"计算机名"选项卡中单击"更改"按钮，如图3-44所示。

5）在"计算机名/域更改"对话框中的隶属于框架内选中"域"单选按钮，在下面的文本框中输入要加入的域"chenguang.com"，然后单击"确定"按钮，如图3-45所示。

6）在"Windows安全"对话框中输入具有权限加入域的账户的名称和密码，此处输入的是域管理员的用户名、密码，输入完毕后单击"确定"按钮，如图3-46所示。

7）域控制器会进行身份验证，验证通过后会弹出加入域成功的提示信息，单击"确定"按钮，如图3-47所示。

学习单元3

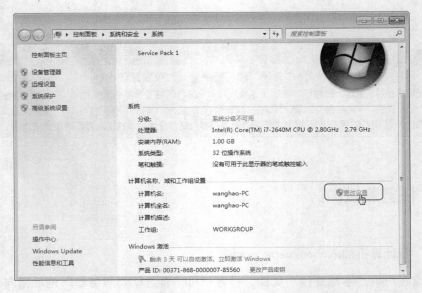

图3-43　更改系统设置

图3-44　更改计算机名

图3-45　计算机加入域

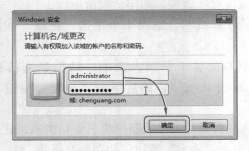

图3-46　输入用户名、密码

图3-47　加入域成功

8）要完成加入域操作，需单击"确定"按钮之后重新启动计算机，如图3-48所示。

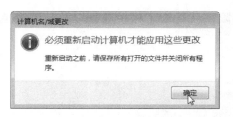

图3-48 重新启动计算机提示

步骤2 使用员工账户登录

1）使用账户"yuangong1"登录到域名，输入完用户名、密码后单击"→"按钮，如图3-49所示。

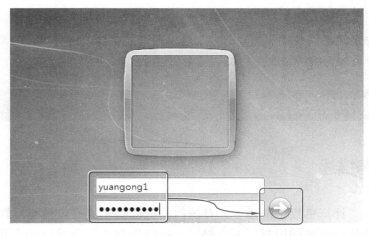

图3-49 登录域

2）如果用户登录时间受限，则会弹出提示，此用户在规定时间段无法登录到域，如图3-50所示。

图3-50 登录限制提示

 相关知识

最小权限原则

最小权限原则是IT行业普遍执行的一种原则，该原则要求计算环境中的特定用户或者计算机程序只能访问当下所必需的信息或者资源，而其余资源均禁止访问。赋予每一个合法动作最小的操作权限，就是为了保护数据以及功能避免受到错误或者恶意行为的破坏。

任务拓展

实践

晨光公司相对于其他大型企业来说人员结构简单，一般大型企业都会拥有上千名员工，针对上千名员工企业管理员不可能逐一创建用户，请通过命令提示符来对用户完成批量创建。

思考

企业中的安全规范都是逐项建立的，某些规则可能会修改所有用户的某项属性，晨光公司的网络管理员如何统一修改用户的某一个属性呢？

任务3 为客户机分发软件

任务描述

随着晨光公司计算机数量的增多，目前网络管理员不能有效便捷地管理客户端应用程序，除了非法软件造成的版权问题以外，一些应用程序还会导致客户端系统出现不能解决的问题，这些问题会给公司造成一系列损失。公司决定统一下发软件安装包，供员工使用。

任务分析

根据晨光公司的需求和环境，部署分发软件前需要规划分发哪些软件，规划完成后须按照先后顺序建立部署策略，最终按照策略分发给用户，任务实施流程如图3-51所示。

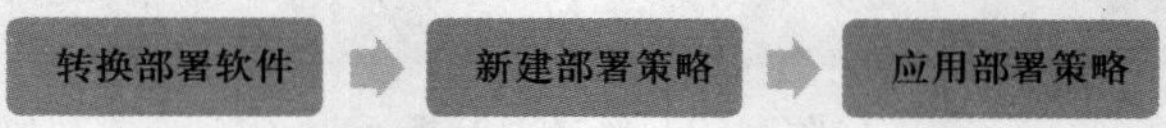

转换部署软件 ➡ 新建部署策略 ➡ 应用部署策略

图3-51 任务实施流程

任务实施

步骤1 软件转换

Windows Active Directory域中的软件分发只能分发MSI格式的安装包，微软公司的软件产品中大多提供了MSI的安装程序，但其他公司一般只提供.exe格式的安装包，在分发这些软件之前，需要进行格式转换。

1）打开"Exe to MSI Converter"软件，在软件对话框中，单击"…"按钮，如图3-52所示。

2）在"打开"对话框中双击选择需要转换的软件，如图3-53所示。

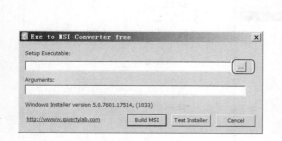

图3-52　软件界面

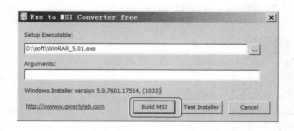

图3-53　"打开"对话框

3）在软件窗口中单击"Build MSI"按钮开始转换，如图3-54所示。

4）完成转换后弹出成功的提示信息，单击"确定"按钮，如图3-55所示。

图3-54　exe2msi软件窗口

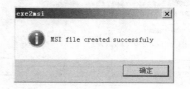

图3-55　exe2msi提示框

5）在转换软件的根目录下查看该软件的MSI安装包，如图3-56所示。

图3-56　输出MSI格式文件

学习单元3

步骤2　创建组策略

1）共享MSI软件目录，允许所有用户访问下载，在作为共享的文件夹"soft"上单击鼠标右键，在弹出的快捷菜单中选择"属性"命令，如图3-57所示。

2）在"soft 属性"对话框中选择"共享"选项卡，单击"共享"按钮，如图3-58所示。

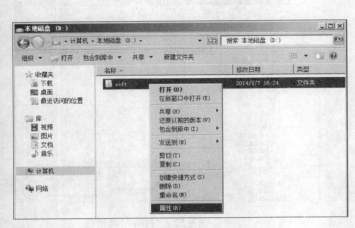

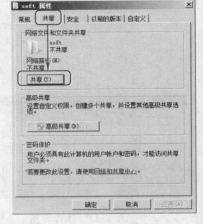

图3-57　文件夹　　　　　　　　　　　　　　　　图3-58　soft属性

3）在文本框中输入"Everyone"，单击"添加"按钮，然后单击"共享"按钮，如图3-59所示。

4）系统开始部署共享，无需操作，等待即可，如图3-60所示。

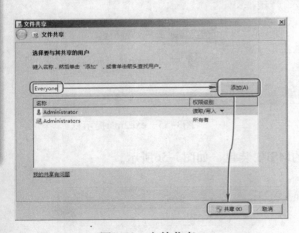

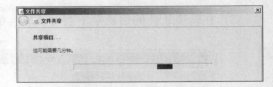

图3-59　文件共享　　　　　　　　　　　　　　　图3-60　文件共享

5）打开"服务器管理器"窗口，在"服务器管理器"中依次展开"功能"→"组策略管理"→"林：chenguang.com"→"域"→"changuang.com"，如图3-61所示。在"组策略对象"上单击鼠标右键，在弹出的快捷菜单中选择"新建"命令。

6）在"新建GPO"对话框中输入策略命令，如"office"，然后单击"确定"按钮，如图3-62所示。

图3-61　服务器管理器

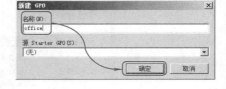

图3-62　"新建GPO"对话框

 知识链接

什么是GPO

　　GPO（组策略对象），是多个组策略设置的集合。简单的理解，就是设置了哪些限制策略，常和组织单位共同使用，组织单位就是被应用组策略的用户和计算机。

　　7）在"服务器管理器"中，在GPO选项"office"上单击鼠标右键，在弹出的快捷菜单中选择"编辑"命令，如图3-63所示。

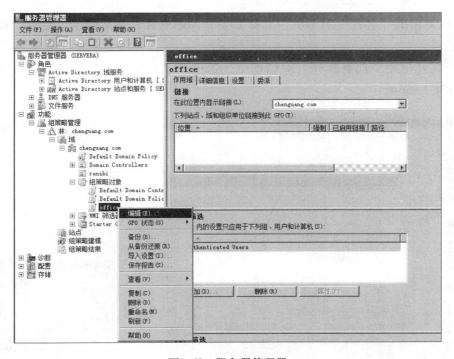

图3-63　服务器管理器

8）在"组策略管理编辑器"中依次展开"计算机配置"→"策略"→"软件设置"，并在"软件安装"上单击鼠标右键，在弹出的快捷菜单中选择"新建"→"数据包"命令，如图3-64所示。

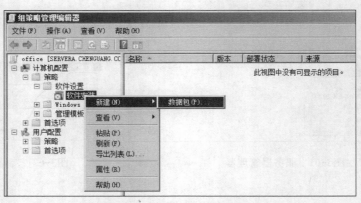

图3-64 组策略管理编辑器

 经验分享

如何选择软件分发的作用对象

选择用户是指用户在域中任何一台计算机中登录后，软件会在该用户登录的计算机进行安装。而选择计算机的结果是任何一个用户登录域中的这台计算机都向这台计算机安装软件。

9）在弹出的"打开"对话框中选择想要分发的软件，然后单击"打开"按钮，如图3-65所示。

10）在弹出的"部署软件"对话框中，选中"已分配"单选按钮，单击"确定"按钮，如图3-66所示。

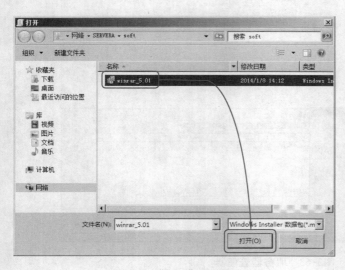

图3-65 "打开"对话框

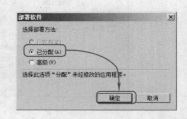

图3-66 "部署软件"对话框

如何选择"已发布"和"已分配"

"已发布"是在控制面板的"添加/删除程序"中出现相关的选项供用户选择安装,而"已分配"是指在开始菜单中出现快捷方式,当用户单击快捷方式或者单击某一个类型文件的时候开始安装。

11)完成软件部署后,如图3-67所示。

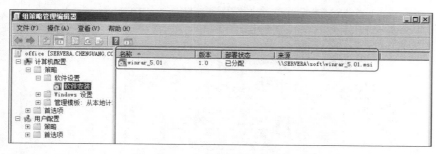

图3-67 组策略管理编辑器

步骤3 策略部署

1)在"服务器管理器"窗口中拖动新创建的"office"策略到名为"renshi"的组织单位中,如图3-68所示。

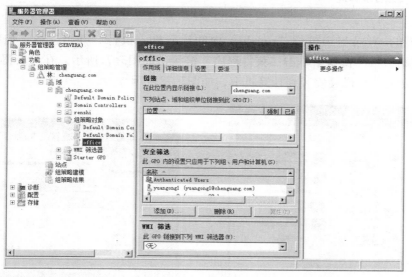

图3-68 服务器管理器

2)在弹出的"组策略管理"对话框中单击"确定"按钮,如图3-69所示。

图3-69 组策略管理

学习单元3

3）在服务器管理器中可以看到组织单位"renshi"中已经链接了GPO"office"，如图3-70所示。

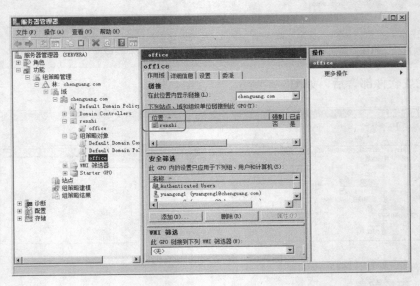

图3-70　链接GPO

任务测试

使用域用户登录组织单位"renshi"内的计算机，执行"开始"→"控制面板"命令，在"控制面板"窗口中单击"获得程序"链接，如图3-71所示。在"获得程序"窗口中可看到指定的软件已经安装到计算机上，如图3-72所示。

图3-71　控制面板

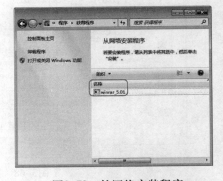

图3-72　从网络安装程序

相关知识

MSI格式

MSI文件是Windows Installer的数据包，它实际是一个数据库，包含安装软件产品所需要的信息和安装或卸载程序所需的指令及数据。MSI文件将程序的组成文件与功能关联起来。此外，它还包含有关安装过程本身的信息：如安装序列号、目标文件夹路径、系统依赖项、安装选项和个性化属性。

任务拓展

实践

伟天公司规定，除了IT部门以外，其余所有部门都需要通过IT部门进行统一的软件部署，那么如何为所有部门部署相同的软件呢？

思考

使用软件分发技术对于服务器来说是一个严峻的考验，但是出于对某些问题的衡量，企业还是愿意使用软件分发技术来统一安装软件，请说明原因？

任务4　使用组策略限制用户使用行为

任务描述

晨光公司个别部门对于企业信息的保密性非常敏感，除了制定保密制度以外还要对计算机进行一些限制，除此之外为了提高员工效率，公司管理层希望禁止员工运行Windows操作系统中自带的游戏。

任务分析

晨光公司的计算机均采用Windows操作系统，而Windows操作系统自带一个名为"组策略"的管理模块，组策略模块可以根据相关设置对用户的行为进行限制。而当计算机处于域模式下时，域管理员可以对所有在域中的计算机派发组策略，通过组策略的设置就可以达到公司的要求，任务实施流程如图3-73所示。

创建编辑组策略 ➡ 应用策略

图3-73　任务实施流程

任务实施

在任务中，可针对软件限制定义单独的GPO，也可以使用已有的GPO"office"，在需要进行限制的容器中进行链接。本任务中继续使用GPO"office"。

1）在"组策略管理编辑器"中的GPO"office"上单击鼠标右键，在弹出的快捷菜单中选择"编辑"命令，按步骤依次展开"用户配置"→"管理模板"→"开始菜单和任务栏"，在右侧的策略条目中找到并双击"从开始菜单中删除'游戏'链接"，打开"从开始菜单中删除'游戏'"管理窗口，如图3-74所示。

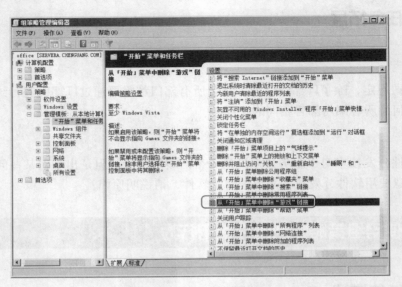

图3-74　组策略管理编辑器

2）在"从开始菜单中删除'游戏'链接"窗口中，选中"已启用"单选按钮，然后单击"确定"按钮，如图3-75所示。

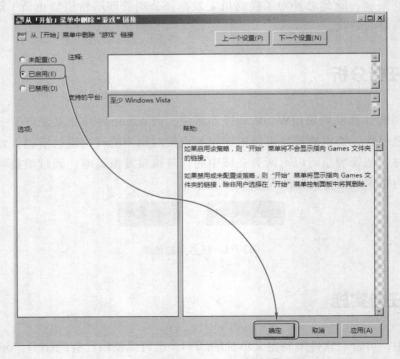

图3-75　从开始菜单中删除"游戏"链接

组策略优先级

如果多个组策略设置不冲突，则最终的策略是各项组策略设置的和。

如果多个组策略设置冲突，则组策略按以下顺序被应用：本地（Local）、站点（Site）、域（Domain）、组织单位（Organizational Unit）。在默认情况下，当策略设置发生冲突时，最后应用的策略将覆盖前面所设置的策略。

任务测试

单击"开始"之后再单击"所有程序"，在里面可看到"游戏"已经消失，如图3-76所示。

图3-76 应用策略前后效果对比

相关知识

组策略作用对象

组策略中有两个对象，一个是"用户配置"另一个是"计算机配置"，"用户配置"下的组策略设置应用到用户，"计算机配置"下的组策略设置应用到计算机。某些设置是用户界面设置（例如，背景位图或者在"开始"菜单上使用"运行"命令的能力），但它们仍可以应用于计算机。

任务拓展

实践

除此之外，晨光公司还要限制员工修改控制面板里的任何选项，请通过组策略中"限制控制面板"策略来实现这个IT管理需求。

思考

如果设置了本地的组策略，域组策略是否执行？如果策略配置相斥怎么办？为什么？

项 目 总 结

在本项目中学习了Active Directory服务、组织单位、域账户、域组、域账户的管理、组策略以及软件分发的相关知识。

通过学习本项目后应熟练掌握Active Directory服务的安装、创建组织单位、编辑组织单位、删除组织单位、创建域账户、编辑域账户、删除域账户、创建域组、编辑组、删除域组、创建组策略、编辑组策略、编辑分发策略。

在完成操作的时候应当考虑是否将所有需求都能实现，因为在Active Directory服务进行操作需要很大的工作量。

项目知识自测

1）强制刷新组策略的命令是？

    A．gpupdate   B．gpupdate /force   C．ipconfig   D．net user

2）添加域用户可以使用的命令是？

    A．net user   B．net aduser   C．net star   D．ceac

3）在安装完Active Directory域服务器后，可以使用哪个命令将此服务器升级为域控制器？

    A．ipconfig /renew B．dcpromo.exe   C．adprep.exe   D．notepad

4）一个工作组计算机要加入域，Windows总是提示无法联系到域，不可能的原因是？

    A．计算机的首选DNS服务器地址设置错误

    B．计算机的分辨率设置过高

    C．域的名称输入错误

    D．计算机无法与域控制器通信

5）以下关于GPO叙述正确的有？（选5项）

    A．可以不被任何组织单位链接

学习单元3

B. 可以被1个组织单位链接

C. 是一组策略设置的集合

D. 一个GPO可以定义多个策略

E. 多个组织单位可以链接同一个GPO

F. 一个GPO可以链接另外一个GPO

项目2　将原有域迁移至新的服务器

项目描述

　　晨光公司为了更好地适应社会趋势，新购买的客户机都安装了最新的Windows 8.1操作系统，现有的Windows Server 2008 R2虽然能够管理Windows 8的客户端，但有些Windows 8.1的新功能新特性不能很好地展现。

项目分析

　　随着时间的推移，Microsoft公司推出了新的Windows Server级产品——Windows Server 2012，新的Windows Server级操作系统除了兼容旧版本Windows Server 2008 R2的所有功能以外还提供了针对Windows 8、Windows 8 RT和Windows Phone的管理模块，就目前来看Windows Server 2012可以很好地满足目前晨光公司的所有IT管理需求。项目实施流程如图3-77所示，项目网络拓扑如图3-78所示。

学习单元3

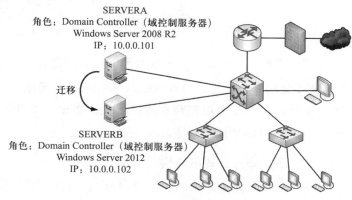

升级域架构 ➡ 服务迁移

图3-77　项目实施流程

图3-78　网络拓扑

任务描述

为了将Active Directory的版本升级到Windows Server 2012以满足IT管理需求，现在需要对原有Windows Server 2008 R2中的Active Directory服务中的架构进行升级。

任务分析

目前公司新购买的服务器上已预装了Windows Server 2012操作系统，在让Windows Server 2012完全管理前需要对目前Windows Server 2008 R2的Active Directory服务状态以及DNS服务进行完全的备份，备份完成后需要对Active Directory的架构进行升级，任务实施流程如图3-79所示。

图3-79　任务实施流程

任务实施

步骤1　命令进入目录

执行"开始"→"运行"命令，在"运行"对话框中输入"cmd"并单击"确定"按钮，如图3-80所示。

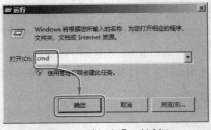

图3-80　"运行"对话框

步骤2　复制Windows Server 2012下的adprep文件

为便于使用升级工具，将Windows Server 2012光盘（或映像文件）放入光盘驱动器，复制support\adprep目录保存到本地计算机，例如，光盘驱动器为"F:"，则需复制"F:\support\adprep"目录内的所有内容。

步骤3　通过命令升级域架构

1）输入"adprep /forestPrep"命令，输入"C"并按<Enter>开始升级林架构，如图3-81和图3-82所示。

图3-81　输入升级林命令　　　　　　　　图3-82　林升级完成

2）输入"adprep /domainPrep"命令升级域架构，如图3-83和图3-84所示。

图3-83　cmd命令行　　　　　　　　　　图3-84　cmd命令执行完成

3）输入"adprep /domainprep /gpPrep"命令升级域策略，如图3-85所示。

图3-85　cmd命令行

　任务测试

　　运行"adprep /domainPrep"的子命令"adprep /domainPrep /gpPrep"，如果出现"已经更新了全域性信息"则说明已经使用Windows Server 2012中的adprep工具，对域控制器为Windows Server 2008 R2的域进行了域架构更新，如图3-86所示。

学习单元3

图3-86　cmd命令执行完成

任务拓展

实践

伟天公司网络环境比较陈旧，目前公司有2台服务器运行着Windows Server 2003的Active Directory服务，现有服务器环境已经不能满足用户的需求，所以请将Windows Server 2003的Active Directory服务升级到Windows Server 2008 R2的 Active Directory服务。

思考

在更高的版本系统加入Active Directory服务中时都需要对原有的域进行拓展升级，为什么要升级？升级架构起到了什么作用？

任务2　将Windows Server 2008 R2 迁移到Windows Sever 2012

任务描述

为了将Active Directory的版本升级到Windows Server 2012以满足IT管理需求，现在需要将新的Windows Server 2012服务加入晨光公司现有的域环境中。

任务分析

目前公司新购买的服务器上预装了Windows Server 2012操作系统，并且Active Directory的结构已经升级到了Windows Server 2012，接下来需要将Active Directory服务从Windows Server 2008 R2转移至新的Windows Server 2012操作系统上，任务实施流程如图3-87所示。

学习单元3

图3-87　任务实施流程

 任务实施

步骤1　将Windows Server 2012加入现有域

在将Windows Server 2012服务器加入域之前，须完成基本的服务器配置，例如，计算机名、IP地址等，并将该服务器首选DNS地址指向公司中的Windows Server 2008 R2域控制器，确保Windows Server 2012服务器能与Windows Server 2008 R2域控制器正常通信。

图3-88　"服务器管理器"窗口

1）打开Windows Server 2012的"服务器管理器"窗口，单击"添加角色和功能"链接，如图3-88所示。

2）阅读"开始之前"中的要求，单击"下一步"按钮，如图3-89所示。

图3-89　"开始之前"窗口

3）在"选择安装类型"窗口中选中"基于角色或基于功能的安装"单选按钮，并单击"下一步"按钮，如图3-90所示。

4）在"选择目标服务器"窗口中选中"从服务器池中选择服务器"单选按钮，选中服务器"SERVERB"（当前服务器），选中后单击"下一步"按钮，如图3-91所示。

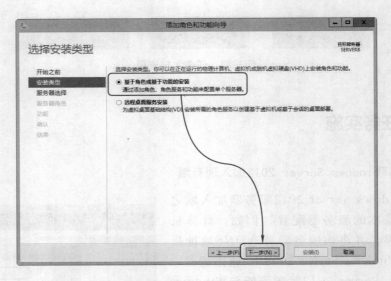

图3-90 "选择安装类型"窗口

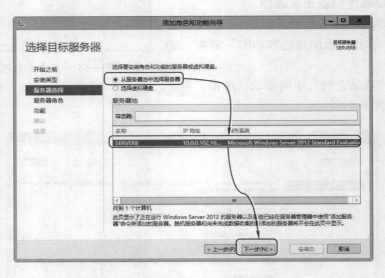

图3-91 "选择目标服务器"窗口

5）在"选择服务器角色"窗口中选中"Active Directory域服务"复选框，如图3-92所示。

6）在弹出的"添加Active Directory域服务所需的功能"对话框中单击"添加功能"按钮，如图3-93所示。

7）返回"选择服务器角色"窗口后单击"下一步"按钮，如图3-94所示。

8）在"选择功能"窗口中单击"下一步"按钮，如图3-95所示。

9）阅读Active Directory域服务提示内容，单击"下一步"按钮，如图3-96所示。

10）在"确认安装所选内容"窗口中单击"安装"按钮，如图3-97所示。

11）安装完成后，在"安装进度"窗口中单击"关闭"按钮，如图3-98所示。

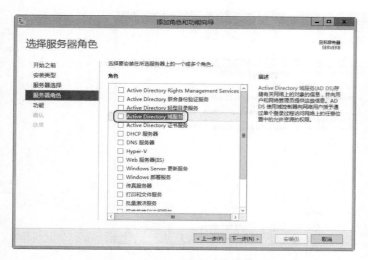

图3-92 "选择服务器角色"窗口

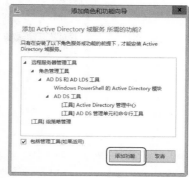

图3-93 添加Active Directory域服务

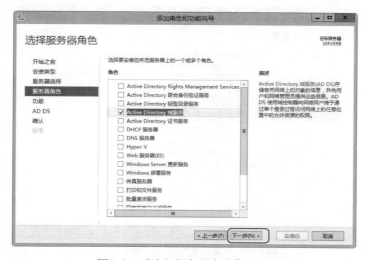

图3-94 "选择服务器角色"窗口

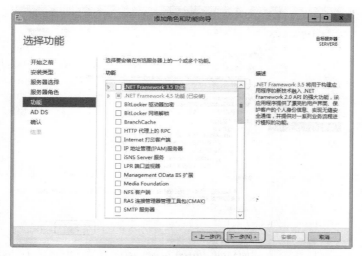

图3-95 "选择功能"窗口

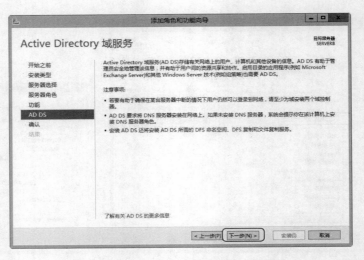

图3-96 "Active Directory域服务"窗口

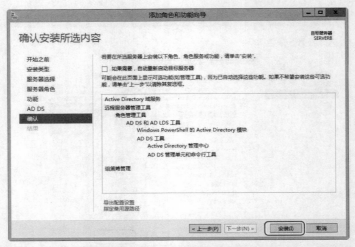

图3-97 "确认安装所选内容"窗口

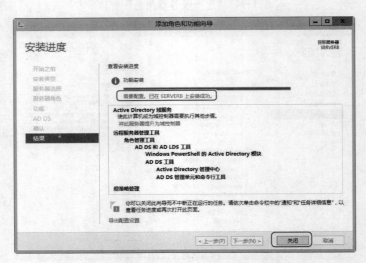

图3-98 "安装进度"窗口

步骤2 将Windows Server 2012服务器升级为域控制器

1）在Server上打开"服务器管理器"窗口，先单击左侧的"AD DS"项，再单击"更多"链接，准备配置Active Directory服务，如图3-99所示。

2）在"所有服务器任务详细信息"窗口中单击"操作"下的"将此服务器提升为域控制器"链接，开始向导操作，如图3-100所示。

图3-99 "服务器管理器"窗口

图3-100 "所有服务器任务详细信息"窗口

3）在"部署配置"窗口中选中"将域控制器添加到现有域"单选按钮，并在"域"文本框内输入晨光公司的域名"chenguang.com"，然后单击"提供执行此操作所需的凭据"后的"更改"按钮，如图3-101所示。

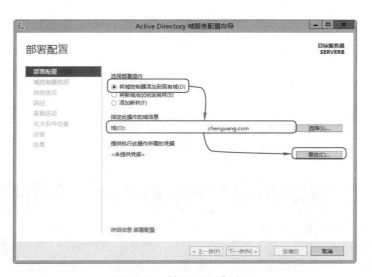

图3-101 "部署配置"窗口

4）输入chenguang.com域的管理员账户和密码，单击"确定"按钮，如图3-102所示。

5）验证通过后"部署配置"窗口中的域信息将变为不可修改，此时单击"下一步"按钮，如图3-103所示。

6）在"域控制器选项"窗口中选中"域名系统（DNS）服务器"和"全局编录（GC）"复选框，并且输入还原模式密码，确认无误后单击"下一步"按钮，如图3-104所示。

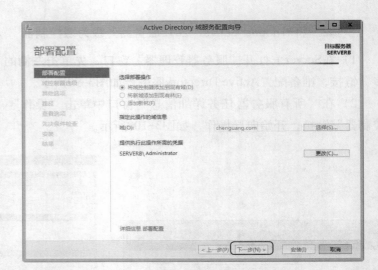

图3-103 "部署配置"窗口

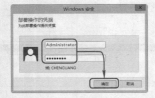

图3-102 Windows安全部署凭据

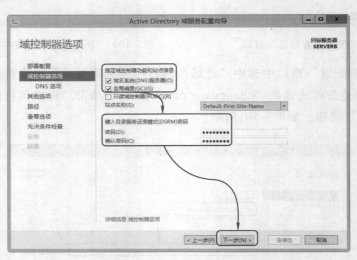

图3-104 "域控制器选项"窗口

 知识链接

什么是RODC

　　RODC, 只读域控制器, 是 Windows Server 2008 操作系统中开始提出的一种全新类型的域控制器, 可同步主要域控制器的内容, 但不可修改。RODC可以在无法保证DC间网络连通性的情况下正常运行并提供正常的Active Directory服务, 常用在企业分支机构中。

　　7) 单击 "DNS选项" 窗口中的 "下一步" 按钮, 如图3-105所示。

　　8) 在 "其他选项" 窗口中 (如果详细指明从具体的域控制器复制则需单击 "复制自" 后的下拉菜单, 选择 "SERVERA: chenguang.com") 单击 "下一步" 按钮, 如图3-106所示。

　　9) 在 "路径" 窗口中单击 "下一步" 按钮继续配置Active Directory服务, 如图3-107所示。

学习单元3

图3-105 "DNS选项"窗口

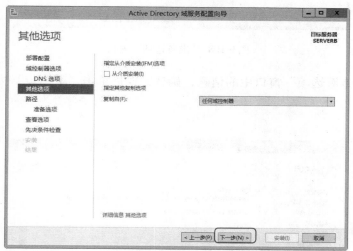

图3-106 "其他选项"窗口

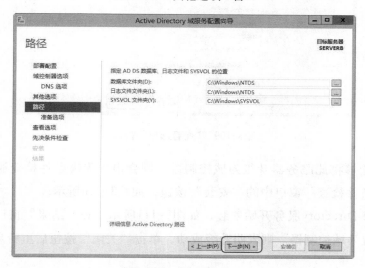

图3-107 "路径"窗口

10）在"准备选项"窗口中单击"下一步"按钮，如图3-108所示。

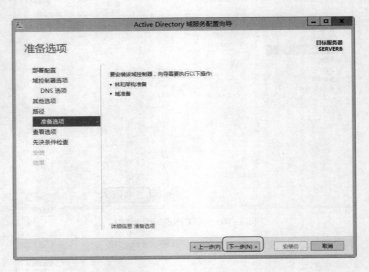

图3-108 "准备选项"窗口

11）阅读"查看选项"窗口中的信息，确认无误后单击"下一步"按钮，如图3-109所示。

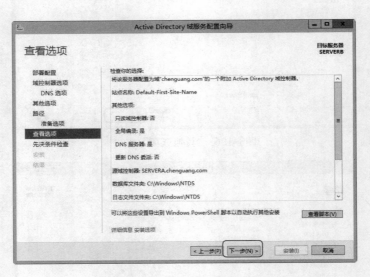

图3-109 "查看选项"窗口

12）如果能够将此服务器升级为域控制器，则会出现先决条件检查通过的提示，然后单击"先决条件检查"窗口中的"安装"按钮，如图3-110所示。

13）Active Directory服务开始安装，如图3-111所示。在"结果"窗口中出现"此服务器已成功配置为域控制器"则表明升级成功，单击"关闭"按钮后重新启动计算机，如图3-112所示。

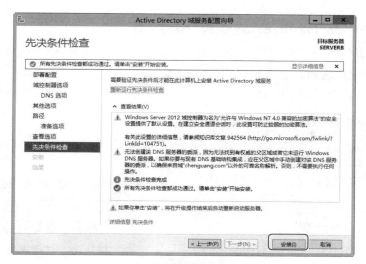

图3-110 "先决条件检查"窗口

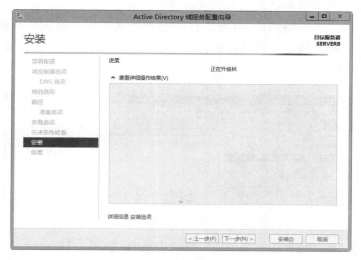

图3-111 正在升级

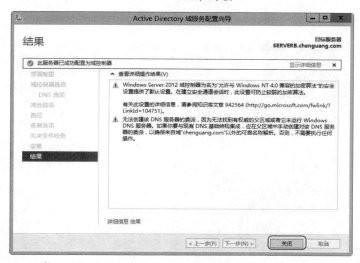

图3-112 升级成功

步骤3　注册"Active Directory架构"管理工具

1）执行"开始"→"运行"命令，打开"运行"对话框输入"regsvr32 schmmgmt. dll"，单击"确定"按钮，如图3-113所示。

2）注册成功后会弹出"RegSvr32"提示框，单击"确定"按钮，如图3-114所示。

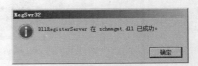

图3-113　"运行"对话框　　　　　　　　图3-114　注册成功

步骤4　转移架构主机角色

1）执行"开始"→"运行"命令，在"运行"对话框中输入"mmc"，然后单击"确定"按钮，打开控制台，在"控制台1"窗口中执行"文件"→"添加/删除管理单元"命令，如图3-115所示。

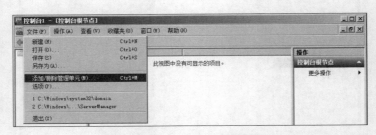

图3-115　添加或删除管理单元

2）在弹出的"添加或删除管理单元"窗口中选中"Active Directory架构"管理单元，然后单击"添加"按钮，右侧"所选管理单元"下的文本框中将会出现"Active Directory架构"项，之后单击"确定"按钮，如图3-116所示。

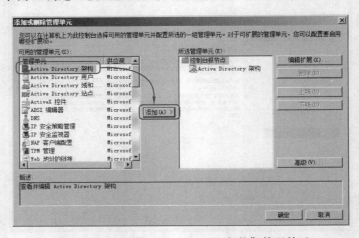

图3-116　添加"Active Directory架构"管理单元

3）在"控制台1"的"Active Directory架构"上单击鼠标右键，在弹出的快捷菜单中选择"更改Active Directory域控制器"命令，如图3-117所示。

4）在"更改架构主机"对话框中单击"更改"按钮，如图3-118所示。

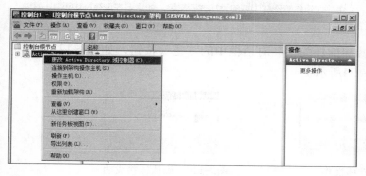

图3-117　控制台

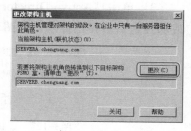

图3-118　"更改架构主机"对话框

知识链接

什么是架构主机

　　Active Directory存在着各种各样的对象，例如，用户、计算机和打印机等，这些对象有很多属性，活动目录本身就是一个数据库，对象和属性之间就好像表格一样存在着相互对应的关系，这些对象和属性之间的关系就存放在架构主机（Schema Master）上。除此之外在整个Active Directory中只能有一个架构主机。

5）单击"Active Directory架构"对话框中的"是"按钮，如图3-119和图3-120所示。

图3-119　更改主机确认

图3-120　传送成功

步骤5　转移域命名主机角色

1）执行"开始"→"管理工具"→"Active Directory域和信任关系"命令，在"Active Directory域和信任关系"窗口中的"Active Directory域和信任关系"上单击鼠标右键，在弹出的快捷菜单中选择"操作主机"命令，如图3-121所示。

2）单击"操作主机"对话框中的"更改"按钮，如图3-122所示。

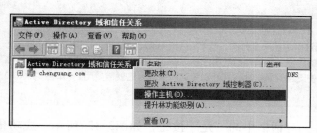

图3-121　Active Directory域和信任关系

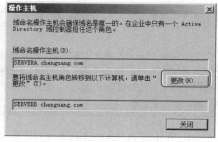

图3-122　"操作主机"对话框

知识链接

什么是域命名主机

域命名主机（Domain Naming Master）主要作用是管理林中域的添加或者删除。如果要在现有林中添加一个域或者删除一个域，那么就必须要和域命名主机进行联系。

3）单击"Active Directory域和信任关系"对话框中的"是"按钮，如图3-123所示。成功传送后会弹出提示，如图3-124所示。

图3-123 确认转移操作

图3-124 确认转移成功

步骤6 转移RID主机角色、PDC主机角色和结构主机角色

1）执行"开始"→"管理工具"→"Active Directory用户和计算机"命令，在"Active Directory用户和计算机"窗口中的域"chenguang.com"上单击鼠标右键，在弹出的快捷菜单中选择"操作主机"命令，如图3-125所示。

2）在弹出的"操作主机"窗口中的"RID"选项卡下单击"更改"按钮，如图3-126所示。

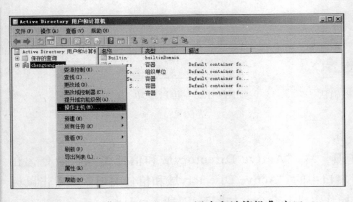

图3-125 "Active Directory用户和计算机"窗口

图3-126 更改RID主机角色

知识链接

什么是RID主机

在Active Directory的安全系统中，用户是通过用户名来区分的。虽然在一些权限设置时用的是用户名，但实际上取决于主体的SID，所以当两个用户的SID一样的时候，尽管他们的用户名可能不一样，但Active Directory的安全子系统中会把他们认为是同一个用户，这样就会产生安全问题。那么如何避免这种情况？这就需要用到RID主机（RID Master）角色来区分。

3）单击"Active Directory域服务"对话框中的"是"按钮，如图3-127所示。成功传送后会弹出提示，如图3-128所示。

学习单元3

4）在"操作主机"窗口中单击"PDC"选项卡中的"更改"按钮，如图3-129所示。

图3-127　确认转移操作　　　　图3-128　确认转移成功　　　　图3-129　"操作主机"对话框

知识链接

什么是PDC模拟器

PDC模拟器（PDC Emulator）是一种域控制器，它将自身作为主域控制器（PDC）向运行Windows早期版本的工作站、成员服务器和域控制器公布。从Windows 2000域开始，不再区分是PDC还是BDC，但实际上有些操作必须要由PDC来完成，主要是以下操作：处理密码验证要求；统一域内的时间；统一修改组策略的模板。

5）单击"Active Directory域服务"对话框中的"是"按钮，如图3-130所示。成功传送会弹出提示，如图3-131所示。

6）在"操作主机"窗口中单击"基础结构"选项卡中的"更改"按钮，如图3-132所示。

图3-130　确认转移操作　　　　图3-131　确认转移成功　　　　图3-132　操作主机

知识链接

什么是基础结构主机

基础结构主机（Infrastructure Master）负责将当前域中的对象更新到其他域中，是一个林级别的角色，它的主要作用是管理林中域的添加或者删除。如果要在现有林中添加一个域或者删除一个域，那么就必须要和基础结构进行联系。

学习单元 3

7) 单击"Active Directory域服务"对话框中的"是"按钮，如图3-133所示。成功传送会弹出提示，如图3-134所示。

图3-133 确认转移操作

图3-134 确认转移成功

至此，原Windows Server 2008 R2域控制器（原有主域控制器）上的5个主机角色已经成功转移给Windows Server 2012域控制器（新任主域控制器），原Windows Server 2008 R2域控制器可继续使用，也可降级为域成员服务器或退出域。

相关知识

使用ntdsutil工具迁移5种主机角色

1）在Windows Server 2008中打开命令行，输入"ntdsutil.exe: roles"进行域的迁移工作，如图3-135所示。

图3-135 cmd命令

2）在"fsmo maintenance"提示后输入"Transfer infrastructure master"，如图3-136所示。

图3-136 cmd命令

3）在弹出的"角色传送确认对话"对话框中单击"是"按钮，如图3-137所示。

图3-137 结构主机角色传送

4）在"fsmo maintenance"提示后输入"Transfer naming master"，如图3-138所示。

5）在弹出的"角色传送确认对话"对话框中单击"是"按钮，如图3-139所示。

图3-138　cmd命令

图3-139　域命名主机角色传送

6）在"fsmo maintenance"提示后输入"Transfer PDC"，如图3-140所示。

7）在弹出的"角色传送确认对话"对话框中单击"是"按钮，如图3-141所示。

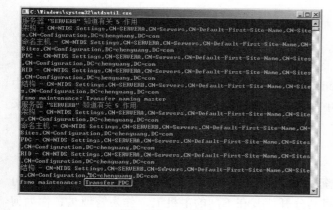

图3-140　cmd命令

图3-141　PDC主机角色传送

8）在"fsmo maintenance"提示后输入"Transfer RID master"，如图3-142所示。

9）在弹出的"角色传送确认对话"对话框中单击"是"按钮，如图3-143所示。

图3-142　cmd命令

图3-143　RID主机角色传送

10）在"fsmo maintenance"提示后输入"Transfer schema master"，如图3-144所示。

11）在弹出的"角色传送确认对话"对话框中单击"是"按钮，如图3-145所示。

图3-144　cmd命令

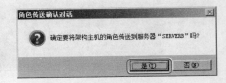

图3-145　域架构主机角色传送

 任务拓展

实践

目前伟天公司两台服务器均由Windows Server 2008 R2承载Active Directory服务，其中一台服务器出现问题，现在需要将其中一台承载的角色转移到另一台，请你帮助管理员来完成这项工作。

思考

FSMO中涉及了服务器5种角色，每种角色承担着不同的作用，但实质上5种角色是可以安装部署在一台主机上的，也可以将其分开部署在不同的主机上，作为管理员，你如何选择？请说明理由。

项 目 总 结

在本项目中学习了Active Directory服务的结构升级、FSMO 5种角色以及Active Directory服务的迁移。

经过本项目后应当熟练掌握Active Directory服务的角色传递技术、熟练掌握Active Directory的服务升级技术。

学习单元3

在本项目中应该注意尽量在开始实施项目前对服务进行备份，防止因DC过程性失败导致服务失效。

项目知识自测

1）哪个角色主要作用是管理林中域的添加或者删除？

    A．Domain Naming Master   B．Infrastructure Master

    C．RID Master   D．PDC Emulator

2）哪些是PDC角色的功能？（选3项）

    A．处理密码验证要求   B．统一域内的时间

    C．统一修改组策略的模板   D．对用户进行功能性限制

3）在Active Directory的安全子系统中，用户的标识不取决于用户名，实际上取决于安全主体SID，而在域内的用户安全SID是通过什么服务来确定的？

    A．构架服务   B．PDC   C．主机服务   D．RID

4）FSMO一共5种角色，下列不属于FSMO角色的是？

    A．RID   B．PDC

    C．PPC   D．Infrastructure Master

5）通过什么命令来完成架构主机的注册？

    A．regsvr32 schmmgmt.dll   B．regsvr32 schmmg.dll

    C．regsvr32 schmmt.dll   D．regsvr32 chmmgmt.dll

项目3 搭建负载平衡群集实现Web服务器冗余

项目描述

随着晨光公司逐渐壮大，企业门户网站的访问量也与日激增，目前承载服务的Web Server在访问峰值时已经出现多次"假死"现象，影响公司正常的运营。

项目分析

就晨光公司而言，单台Web服务器已经不能满足公司的需求，现在需要两台服务器共同承载Web服务。负载平衡技术除了可按需分配流量走向也可避免单点故障，随时扩充Web服务器提高整体性能。项目实施流程如图3-146所示，项目网络拓扑如图3-147所示。

配置负载平衡服务 ➡ 配置成员服务器 ➡ 调试

图3-146　项目实施流程

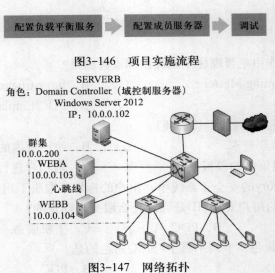

图3-147　网络拓扑

任务1　创建负载平衡群集

 任务描述

目前Web服务器在峰值时期已经不能正常服务，为了保障公司业务不中断，想通过负载平衡技术来实现多台Web服务器的负载平衡。

 任务分析

为了达到负载平衡目的，需要在两台成员服务器上安装"网络负载平衡"服务，之后再对负载平衡服务进行配置，达到分解网络访问压力的目的，任务实施流程如图3-148所示。

配置成员服务器网络参数 ➡ 为成员服务器安装负载平衡服务

图3-148　任务实施流程

任务实施

步骤1　配置Web Server A网络参数和安装负载平衡功能

1）确认WEBA服务器的IP，如图3-149所示。

2）设置WEBA服务器心跳网卡的IP地址，如图3-150所示。

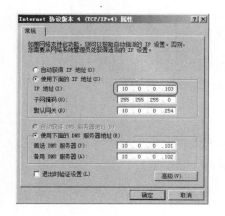

图3-149　服务器WEBA的IP

图3-150　服务器WEBA的心跳网卡IP

3）打开服务器管理器，在"功能"上单击鼠标右键，在弹出的快捷菜单中选择"添加功能"命令，如图3-151所示。

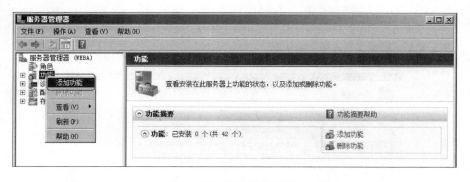

图3-151　服务器管理器

4）在"选择功能"对话框中，选中"网络负载平衡"复选框，然后单击"下一步"按钮，如图3-152所示。

5）单击"确认安装选择"对话框中的"安装"按钮，如图3-153所示。系统开始安装过程，如图3-154所示。

6）安装成功，单击"关闭"按钮，如图3-155所示。

学习单元3

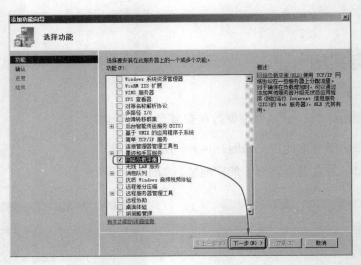

图3-152 "选择功能"对话框

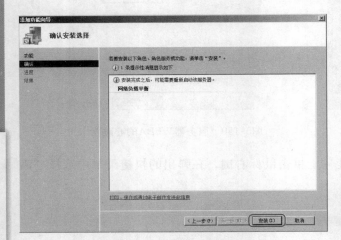

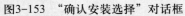

图3-153 "确认安装选择"对话框

图3-154 安装进度

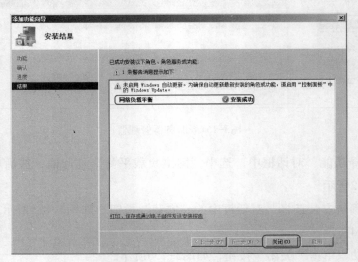

图3-155 "安装结果"对话框

步骤2　配置Web Server B网络参数和安装负载平衡功能

1）确认WEBB服务器的IP，如图3-156所示。

2）设置WEBB服务器心跳网卡的IP地址，如图3-157所示。

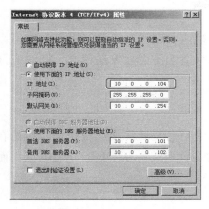

图3-156　服务器WEBB的IP　　　　图3-157　服务器WEBB的心跳网卡IP

3）采用与WEBA相同的步骤在WEBB服务器上安装"网络负载平衡"功能，过程略。

任务测试

在WEBA和WEBB上，均能通过执行"开始"→"管理工具"→"网络负载平衡管理器"命令，打开"网络负载平衡管理器"，如图3-158所示。

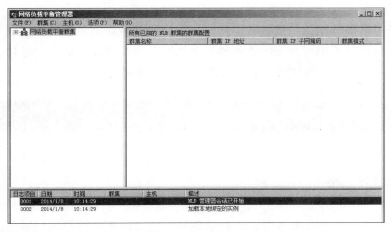

图3-158　"网络负载平衡管理器"窗口

相关知识

负载平衡的优点

网络负载平衡能将用户的请求传播到32台成员服务器上，即可以使用最多32台成员服务器共同分担对外的网络请求服务。即使在访问请求非常庞大的情况下，服务器也能作出快速响应。当负载平衡中的一台或几台服务器不可用时，负载平衡服务会把用户请求转发给正常在线的成员服务器上，保障服务不中断。

单播轮询

当终端单播轮询时，没有专门的信息发给终端而实现服务轮询，上行链路可以在消息中为终端分配带宽，用于终端发送带宽请求。如果终端不需要发送请求，则对应分配的发送要按协议规定进行填充。

多播轮询

与单播轮询一样，这种轮询方式也没有专门的消息发给终端实现轮询，而是在上行链路消息中为终端分配带宽。不同的是，单播轮询是针对终端基本CID分配带宽，而这里是针对多播或广播CID分配带宽。

 任务拓展

实践

现在伟天公司也面临着类似的问题，目前运行的Web服务器不能很好地满足用户需求，峰值期间出现不同程度的"假死"，为了更好地服务客户，IT部门决定再增加3台Web服务器来应对目前的问题，请将这4台服务器划分进同一负载平衡组。

思考

负载平衡可以很好地让一组服务器共同分担访问流量，但是为了节约成本，每台成员服务器的性能参数并不相同，一组服务器里个别服务器性能比较低，通过什么方法让性能高的服务器多承载访问，而性能低的服务器少承载访问呢？

任务2　配置IIS实现Web服务器负载平衡

 任务描述

企业中现在有两台Web服务器，单台服务器不能很好地对客户进行服务，现在需要通过负载平衡技术将Web服务总体性能提升，达到流量的负载平衡。

 任务分析

目前网络负载平衡服务已经安装完成，负载平衡需要有一个群集IP地址，当访问请求发向群集IP地址时，负载平衡服务会负责把这个请求按照一定权重发送到成员服务器上，以达到均衡负载的作用。为了实现两个服务器的Web服务的网络负载平衡，需要保证两个服务器网站内容的一致性，除了这两个Web服务器的配置相同外，网站的数据也必须是一致的，任务实施流程如图3-159所示。

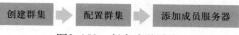

图3-159 任务实施流程

任务实施

步骤1 创建网络负载平衡群集

1）执行"开始"→"服务管理器"→"网络负载平衡管理器"命令，打开"网络负载平衡管理器"窗口，在"网络负载平衡群集"上单击鼠标右键，在弹出的快捷菜单中选择"新建群集"命令，如图3-160所示。

图3-160 "网络负载平衡管理器"窗口

2）在"新群集：连接"对话框中"主机"本框中，输入群集成员中的第一台主机名，然后单击"连接"按钮，单击后系统会加载目标主机的网卡加载完成后，单击"本地连接"一行选中公用网卡（负责服务器对外通信的网卡），然后单击"下一步"按钮，如图3-161所示。

3）选择优先级为"1"，检查"主机初始状态"是否为"已启动"，然后单击"下一步"按钮，如图3-162所示。

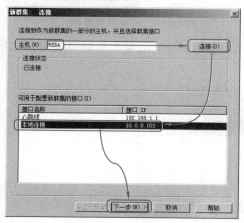

图3-161 连接主机

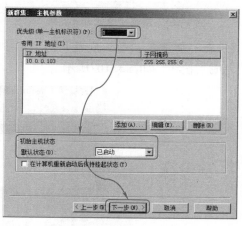

图3-162 设置优先级

4）在"新群集：群集IP地址"对话框中，单击"添加"按钮，如图3-163所示。

5）在弹出的"添加IP地址"对话框内，输入规划好的群集IP地址（不能与现有任何网卡的IP地址相同），并单击"确定"按钮，如图3-164所示。

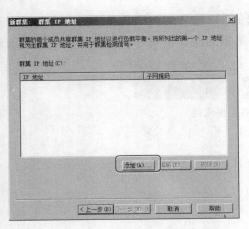

图3-163 添加群集IP地址

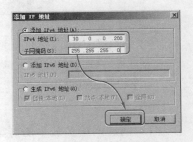

图3-164 "添加IP地址"对话框

6) 返回"新群集：群集IP地址"对话框后，可看到设置的群集IP地址，然后单击"下一步"按钮，如图3-165所示。

7) 在"新群集：群集参数"对话框中，单击"下一步"按钮，如图3-166所示。

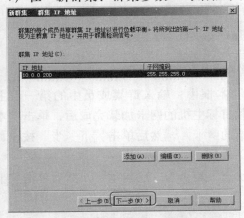

图3-165 群集IP地址设置完毕

图3-166 设置群集参数

8) 在"新群集：端口规则"对话框中，单击"删除"按钮来删除端口规则，然后单击"完成"按钮，如图3-167所示。

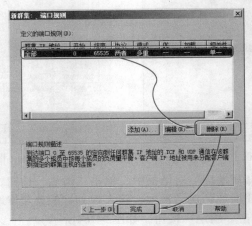

图3-167 设置群集端口规则

9）将WEBA服务器加入群集后的结果，如图3-168所示。

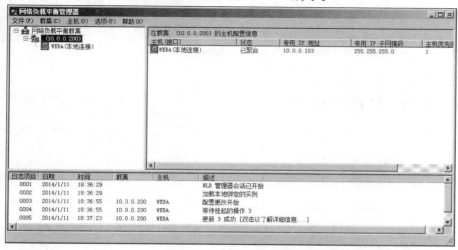

图3-168 "网络负载平衡管理器"窗口

步骤2　向群集中添加成员服务器

1）在WEBA服务器的"网络负载平衡管理器"窗口中，在群集IP地址"10.0.0.200"上单击鼠标右键，在弹出的快捷菜单中选择"添加主机到群集"命令，如图3-169所示。

2）在"将主机添加到群集：连接"对话框中，输入需要添加的成员服务器主机名"WEBB"，然后单击"连接"按钮，选中"本地连接"网卡，然后单击"下一步"按钮，如图3-170所示。

3）在"将主机添加到群集：主机参数"对话框中，设置优先级为"2"，然后单击"下一步"按钮，如图3-171所示。

4）在"将主机添加到群集：端口规则"窗口中，单击"完成"按钮。

5）配置完成后可看到两台服务器的状态均为"已聚合"，如图3-172所示。

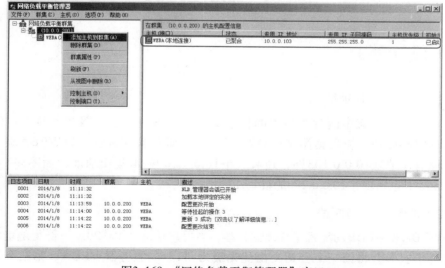

图3-169 "网络负载平衡管理器"窗口

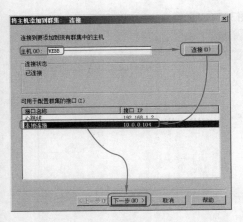
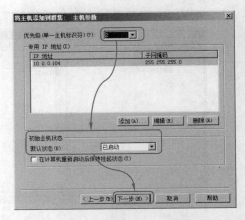

图3-170 "将主机添加到群集：连接"对话框　　图3-171 "将主机添加到群集：主机参数"对话框

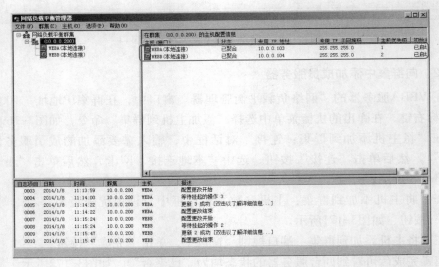

图3-172 网络负载平衡管理器

 任务测试

步骤1　检查网卡IP地址

网络负载平衡群集中两台服务器的状态变成"已聚合"后，服务器负责对外通信的网卡除原有IP地址外，应自动添加了第2个IP地址，即群集IP地址。以WEBA服务器查看为例，除原有IP地址10.0.0.103外，还有一个10.0.0.200的群集IP地址，如图3-173所示。WEBB服务器上也出现了10.0.0.200的群集IP地址。

步骤2　访问Web服务测试

由于WEBA和WEBB均配置了Web服务器，当用户访问10.0.0.20这一群集地址时，网络负载平衡群集服务会将第一个会话交由优先级为"1"的服务器WEBA，第二个访问请求则交由优先级为"2"的WEBB来处理，测试结果如图3-174和图3-175所示。

图3-173　查看聚合后的网卡IP地址

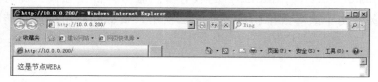

图3-174　轮询到WEBA

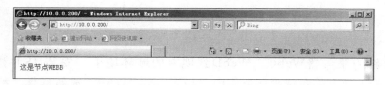

图3-175　轮询到WEBB

趣图学知

　　Windows Server中的网络负载平衡是采用按优先级的轮询机制，将访问请求均摊到每台服务器上，如图3-176所示。PC按访问服务器的先后顺序排成一队，由"网络负载平衡"服务来根据服务器的优先级顺序分配给排队的PC。

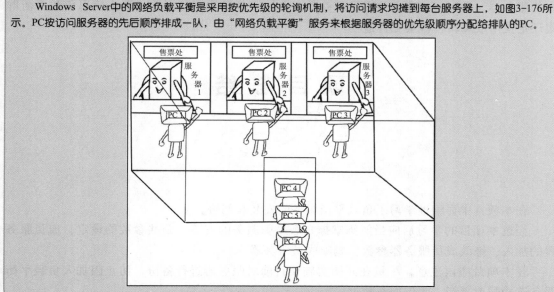

图3-176　负载平衡群集的轮询机制

学习单元3

相关知识

1．本地和全局负载平衡

负载平衡从服务器的地理位置上分为本地负载平衡和全局负载平衡（也叫作地域负载平衡）。本地负载平衡是对本地的服务器群开展负载平衡服务，全局负载平衡是对分别放置在不同的地理位置的服务器群间开展负载平衡。

2．微软服务器群集

服务器群集（也称为"故障转移群集"）是一组协同工作并运行Microsoft群集服务（Microsoft Cluster Service，MSCS）的服务器。服务器群集强调"高可用性"，群集中的某一台服务器由于故障或维护需要而无法使用，资源和应用程序将转移到可用的群集节点上。

 任务拓展

实践

添加两台新的服务器WebC、WebD到现有的域环境中，安装IIS并建立站点。将WebC、WebD加入现有的负载平衡群集中，与WebA、WebB组成新群集，利用4台客户机打开网页测试群集运行效果。

思考

在企业网络中，有很多关键服务需要以群集的方式部署，如企业中有两台性能相差较大的服务器，此时还需保证DHCP服务器、文件服务器的高可用性，那么使用负载平衡群集还是使用故障转移群集更合适？

项 目 总 结

在本项目中详细地学习了负载平衡服务的安装和部署。

经过本项目的学习后应当熟练掌握负载平衡服务的安装、公共参数的设定、成员服务器的加入、修改成员服务器参数、删除成员服务器。

在本项目应该注意，尽量在开始实施项目前对服务器进行备份，防止因加入负载平衡服务造成配置更新，丢失原有数据。

1) 微软负载平衡服务的成员服务器最多能到多少台？
   A. 5台　　　　　B. 10台　　　　　C. 15台　　　　　D. 32台
2) 网络负载平衡服务是基于网络协议中哪一层？
   A. 网络层　　　B. 应用层　　　　C. 数据链路层　　D. 传输层
3) 网络负载平衡是按照什么顺序向多台成员服务器发送请求的？
   A. 目前运行状况　B. 随机　　　　C. 按优先级轮询　D. IP地址排序
4) 哪些是通过负载平衡不能解决的问题？
   A. 防止单点故障造成的服务中断　　B. 解决网络拥塞问题
   C. 提高服务器响应速度　　　　　　D. 解决服务器崩溃的问题

单元实践

伟天公司目前面临诸多管理问题，现在IT部门决定将整个公司的IT环境升级成域模式，以便对公司客户端进行统一管理，除此之外，目前公司绝大部分服务器操作系统为Windows Server 2003 操作系统，这款服务器操作系统面临着微软停止支持的问题，并且公司的单台Web服务器访问流量过大。针对自己公司面临的问题，IT部门经理提出如下需求：

配置Active Directory服务

序　号	服务器需求	权　重
1	在服务器1上，安装Active Directory服务，域名为weitjx.com	20%
2	创建A～Z共26个账户，如a@weitjx.com、b@weitjx.com以此类推，密码为weitjx，并且要求用户在第一次登录时修改为复杂密码	10%
3	为所有账户分发winRAR.MSI软件包	10%
4	通过组策略限制用户配置"控制面板"、限制用户打开命令提示符窗口、将用户IE主页设置为http://www.weitjx.com	10%

服务迁移

序　号	服务器需求	权　重
1	将服务器1的Windows操作系统中Active Directory服务架构升级到Windows Server 2012	10%
2	在服务器2中，安装Active Directory服务，并加入现有weitjx.com域	15%

配置负载平衡服务器

序　号	服务器需求	权　重
1	在服务器3、4中安装负载平衡服务	10%
2	通过负载平衡服务提供Web的负载平衡	15%

单元总结

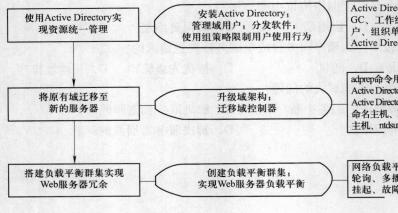

	使用Active Directory实现资源统一管理	安装Active Directory；管理域用户；分发软件；使用组策略限制用户使用行为	Active Directory基本概念、林、域、GC、工作组模式和域模式的区别、域用户、组织单位、容器、组策略、GPO、Active Directory中软件的安装方式
	将原有域迁移至新的服务器	升级域架构；迁移域控制器	adprep命令用法、域架构、AD DS、RODC、Active Directory架构、Active Directory架构、Active Directory域和信任关系、架构主机、域命名主机、RID主机、PDC主机、基础结构主机、ntdsutil工具用法
	搭建负载平衡群集实现Web服务器冗余	创建负载平衡群集；实现Web服务器负载平衡	网络负载平衡、心跳网卡、群集、单播轮询、多播轮询、群集优先级、聚合、挂起、故障转移群集

单元考核评价表

学习单元3

考核内容	评价标准
Active Directory服务	能够正确安装服务
	能够熟练创建域用户
	能够修改域用户属性
	能够对账户登录时间进行限制
	能够熟练转换软件成为MSI格式
	能够正确部署软件分发策略
	能够正确创建编辑组策略
	能够正确部署组策略
Active Directory迁移	能够正确升级域架构
	能够正确迁移Active Directory服务
负载平衡	能够正确配置负载平衡服务
	能够正确配置多台Web成员服务器

附 录

附录A 使用VMware Workstation搭建虚拟机实验环境

虚拟机

虚拟机（Virtual Machine）是指通过软件模拟出来的具有完整硬件功能的虚拟计算机，这个虚拟计算机运行在特定的虚拟机平台软件中，与真实的计算机相同，可改变硬件配置、安装操作系统、安装应用程序、访问网络资源等。虚拟机出现的硬件、软件系统问题不会影响到物理机。

虚拟机的优势

很多企业都在网络中使用虚拟化技术，虚拟机也是其中的应用之一。通过虚拟机软件，可以在一台物理服务器（或计算机）上模拟出多台虚拟机。使用虚拟机具有节约设备投入、提高设备利用率、便于迁移、按需进行状态恢复等优点，适用于需要虚拟化技术的企事业单位、学校等，也为网络技术爱好者和从业人员搭建学习和测试环境提供了便利。虚拟机的相关名词见表A-1。

表A-1 虚拟机的相关名词

英 文	中 文 含 义	对应计算机或功能状态
Virtual Machine	虚拟机	使用虚拟机软件模拟出来的计算机
HOST	物理机	安装虚拟机软件的物理计算机
Guest OS	虚拟机系统	虚拟机上运行的操作系统
Snapshot	快照	保存虚拟机系统状态的节点
VMware Tools	——	一种实用程序套件，可用于提高VMware虚拟机操作系统的性能，改善对虚拟机的管理。如提供了显示器驱动，实现了虚拟机和物理机共享剪切板

VMware Workstation虚拟机

VMware Workstation是VMware公司推出的一款功能强大的桌面虚拟机平台。它内置和支持多种硬件，支持Windows、Linux等多种操作系统，能模拟完整的网络环境，可将物理机系统进行虚拟化从而生成一台虚拟机，支持磁盘映射、实时快照等功能。其试用版官方下载地址为http://www.vmware.com/cn/products/workstation/workstation-evaluation。

任务1 创建虚拟机

1. 使用典型方式创建虚拟机

步骤1 双击桌面的"VMware Workstation"图标运行VMware Workstation，如图A-1所示。

图A-1 VMware Workstation程序图标

步骤2　执行"文件"→"虚拟机"命令，或单击"主页"选项卡中的"创建新的虚拟机"链接，如图A-2所示。

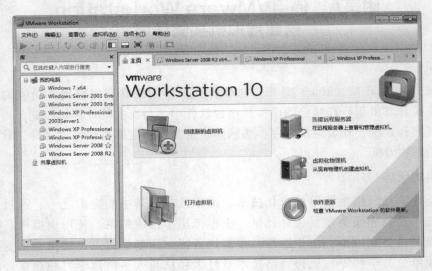

图A-2　VMware Workstation主窗口

步骤3　在"欢迎使用新建虚拟机向导"对话框中选中"典型（推荐）"单选按钮，然后单击"下一步"按钮，如图A-3所示。

步骤4　在"安装客户机操作系统"对话框中选中"稍后安装操作系统"单选按钮，单击"下一步"按钮，如图A-4所示。

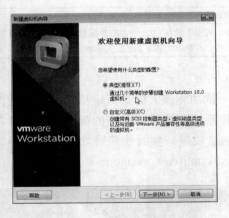

图A-3　选择类型

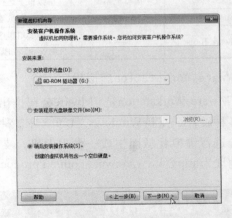

图A-4　选择操作系统安装源

步骤5　在"选择客户机操作系统"对话框中的"客户机操作系统""版本"中分别选择在虚拟机上将要安装的操作系统和版本，然后单击"下一步"按钮，如图A-5所示。

步骤6　在"命名虚拟机"对话框中的"虚拟机名称"文本框中输入虚拟机名称（建议使用英文），在"位置"文本框中输入虚拟机的存储位置（建议单击"浏览"按钮进行设置）。输入完毕后单击"下一步"按钮，如图A-6所示。

图A-5　选择客户机（虚拟机）要安装的操作系统和版本　　图A-6　输入虚拟机名称和位置

步骤7　在"指定磁盘容量"对话框中的"最大磁盘大小"文本框中输入虚拟机的磁盘容量，然后选中"将虚拟磁盘存储为单个文件"单选按钮（如果物理机的磁盘使用的是FAT32等不支持4GB以上单个文件的文件系统，则可以选中"将虚拟磁盘拆分成多个文件"），然后单击"下一步"按钮，如图A-7所示。

步骤8　在"已准备好创建虚拟机"对话框中查看虚拟机硬件配置，如果无需更改则单击"完成"按钮，如图A-8所示。

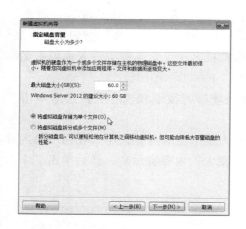

图A-7　输入磁盘大小和存储形式

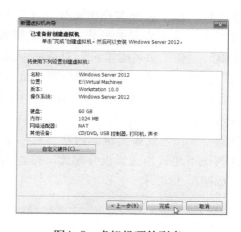

图A-8　虚拟机硬件列表

2. 使用自定义方式创建虚拟机

步骤1　运行VMware Workstation，单击"主页"选项卡中的"创建新的虚拟机"链接，在"欢迎使用新建虚拟机向导"对话框中选中"自定义（高级）"单选按钮，然后单击"下一步"按钮，如图A-9所示。

步骤2　在"选择虚拟机硬件兼容性"对话框中的"硬件兼容性"下拉列表框中选择"Workstation 10.0"，然后单击"下一步"按钮，如图A-10所示。

步骤3　在"安装客户机操作系统"对话框中选中"稍后安装操作系统"单选按钮，单击"下一步"按钮。

图A-9　选择类型

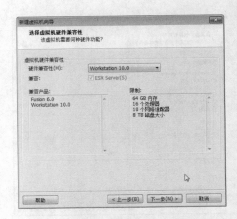

图A-10　选择虚拟机硬件版本

　　步骤4　在"选择客户机操作系统"对话框中的"客户机操作系统""版本"中选择在虚拟机上将要安装的操作系统和系统版本，然后单击"下一步"按钮。

　　步骤5　在"命名虚拟机"对话框中的"虚拟机名称"文本框中输入虚拟机名称，在"位置"文本框中输入虚拟机的位置，然后单击"下一步"按钮。

　　步骤6　在"处理器配置"对话框中选择处理器的数量和核心数，然后单击"下一步"按钮，如图A-11所示。

　　步骤7　在"此虚拟机的内存"对话框中输入虚拟机的内存大小（在物理机内存容量允许的情况下建议为虚拟机分配比"推荐内存"更大的内存容量），然后单击"下一步"按钮，如图A-12所示。

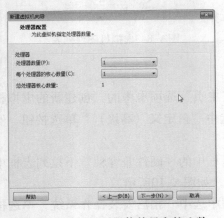

图A-11　选择处理器的数量和核心数

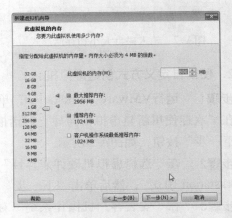

图A-12　输入虚拟机内存容量大小

步骤8　在"网络类型"对话框中选中"使用桥接网络"单选按钮，然后单击"下一步"按钮，如图A-13所示。

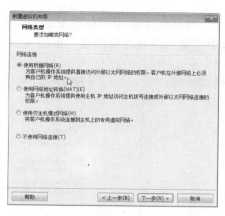

图A-13　选择虚拟机网络连接类型

知识链接

VMware Workstation网络连接类型

网络连接模式	功　　能
使用桥接网络	虚拟交换机所桥接到物理网络适配器上，此时虚拟机和物理机在同一个广播域，相当于连接到同一个交换机上
使用网络地址转换（NAT）	虚拟机将会通过VMware Workstation完成网络地址转换，使用物理机IP作为转换后的外网地址访问外部网络，此时虚拟机和物理机位于不同的广播域，相当于虚拟机和物理机连接到一台路由器上
使用仅主机模式网络	虚拟机不可以访问物理机网络，但所有的虚拟系统是可以相互通信的，此时虚拟机和物理机是断开的。常用于多台虚拟机内部测试
不使用网络连接	虚拟机没有网络适配器，不能与物理机和其他虚拟机通信

步骤9　在"选择I/O控制器类型"对话框中选中"LSI Logic SAS"单选按钮，然后单击"下一步"按钮，如图A-14所示。

图A-14　选择I/O接口类型

步骤10　在"选择磁盘类型"对话框中选择虚拟机磁盘的接口类型（如果需要在虚拟机上使用配置RAID技术，则需要选择SCSI接口类型），然后单击"下一步"按钮，如图A-15所示。

步骤11　在"选择磁盘"对话框中选中"创建新虚拟磁盘"单选按钮（如果加载已有的虚拟机磁盘文件，则选中"使用现有虚拟磁盘"单选按钮），然后单击"下一步"按钮，如图A-16所示。

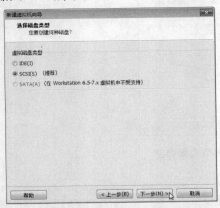

图A-15　选择磁盘接口类型

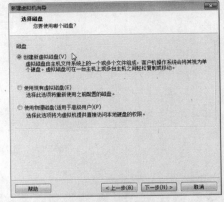

图A-16　选择磁盘

步骤12　在"指定磁盘容量"对话框中的"最大磁盘大小"文本框中输入虚拟机的磁盘容量，选中"将虚拟磁盘存储为单个文件"单选按钮，然后单击"下一步"按钮。

步骤13　在"指定磁盘文件"对话框中输入虚拟机磁盘文件名称（默认与虚拟机名称相同），然后单击"下一步"按钮，如图A-17所示。

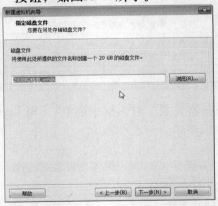

图A-17　输入磁盘文件名称

步骤14　出现"已准备好创建虚拟机"对话框即表明通过自定义方式建立虚拟机完成，单击"完成"按钮退出自定义安装向导。

任务2　克隆虚拟机

在实验和测试环境中，往往需要多台同样硬件配置和系统的虚拟机，可以通过VMware Workstation中的"克隆"功能将一台虚拟机复制为多台虚拟机，"克隆"出来的虚拟机不会产生网卡MAC地址冲突。

步骤1 在"VMware Workstation"主窗口的虚拟机列表区域选中要克隆的虚拟机，然后执行"虚拟机"→"管理"→"克隆"命令，如图A-18所示。

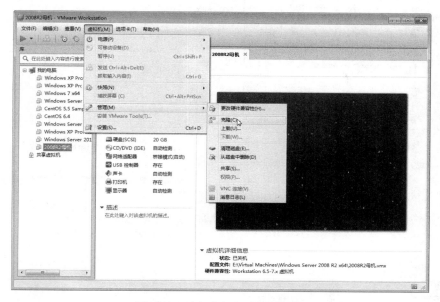

图A-18 选择虚拟机和克隆功能

步骤2 在"欢迎使用克隆虚拟机向导"对话框中单击"下一步"按钮，如图A-19所示。

步骤3 在"克隆源"对话框中选中"虚拟机中的当前状态"单选按钮，然后单击"下一步"按钮，如图A-20所示。

图A-19 克隆向导

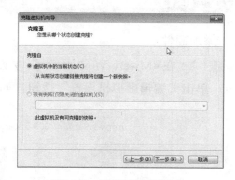

图A-20 选择克隆源状态

步骤4 在"克隆类型"对话框中选中"创建完整克隆"单选按钮（如果选中"创建链接克隆"单选按钮则克隆后的虚拟机会依托于原始虚拟机运行，不适用于实验环境），然后单击"下一步"按钮，如图A-21所示。

步骤5 在"新虚拟机名称"对话框中选择输入新的虚拟机名称和存储位置，然后单击"完成"按钮，如图A-22所示。等待弹出的"正在克隆…"进度完成，如图A-23所示。

步骤6 当"正在克隆虚拟机"对话框中的"完成"前出现勾后即代表虚拟机克隆完成，单击"关闭"按钮，如图A-24所示。

附录

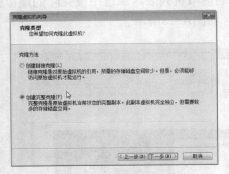

图A-21　选择克隆类型

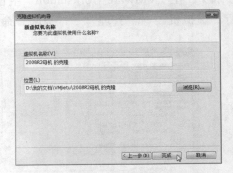

图A-22　输入新的虚拟机名称

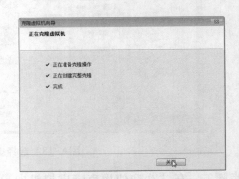

图A-23　克隆正在进行

图A-24　虚拟机克隆完成

任务3　修改虚拟机硬件配置

1. 添加硬件

步骤1　"在VMware Workstation"主窗口的"虚拟机"选项卡中，选择要添加硬件的虚拟机，单击"编辑虚拟机设置"按钮，如图A-25所示。

图A-25　所选虚拟机信息一览

步骤2 在"虚拟机设置"对话框的"硬件"选项卡中,单击"添加"按钮,如图A-26所示。

图A-26 所选虚拟机信息一览

步骤3 在"硬件类型"对话框中选择要添加的硬件,如图A-27所示。此处以添加网卡为例,选择"网络适配器",单击"下一步"按钮。

步骤4 在"网络适配器类型"对话框中按需选择要添加网卡的网络连接方式,此处选择"桥接模式",然后单击"完成"按钮,如图A-28所示。

图A-27 选择要添加的硬件类型

图A-28 选择网络适配器类型

步骤5 在返回的"虚拟机设置"对话框中的"硬件"选项卡中可以查看新添加硬件的情况,如图A-29所示。

图A-29　选择网络适配器类型

2. 修改硬件设置

在"虚拟机设置"对话框中的"硬件"选项卡中选中要改配置的"设备"，如图A-30所示。在右侧直接显示硬件（如内存）的属性信息，此处可以修改虚拟机内存容量。

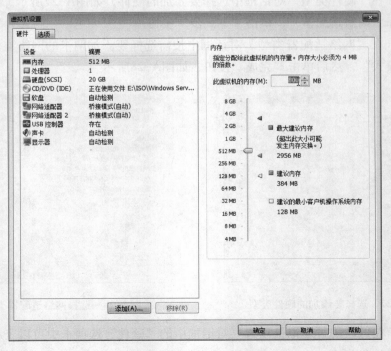

图A-30　修改内存硬件设置

3. 删除硬件

步骤1 在"虚拟机设置"对话框中的"硬件"选项卡中选中想要删除的"设备",单击"移除"按钮,然后单击"确定"按钮,如图A-31所示。

图A-31 删除硬件

步骤2 硬件设置完成后出现更新后的硬件设置信息,如图A-32所示。

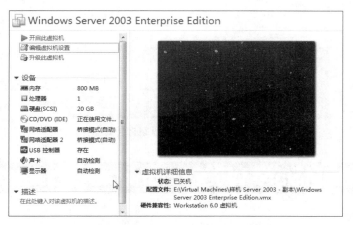

图A-32 修改后的虚拟机硬件参数

4. 加载光盘

步骤1 在"虚拟机设置"对话框中的"硬件"选项卡中双击"CD/DVD",修改硬件参数设置,单击"浏览"按钮,如图A-33所示。

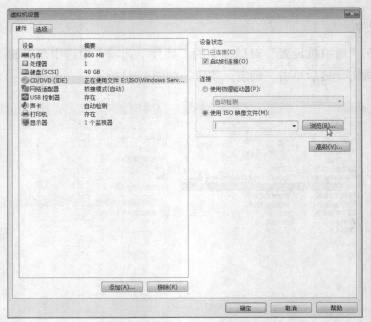

图A-33　修改硬件参数设置

步骤2　在"浏览 ISO 映像"窗口中，选择虚拟机光驱加载光盘（ISO文件）的位置，单击"打开"按钮，如图A-34所示。

图A-34　选择光盘镜像位置

任务4　使用VMware Workstation快照保存虚拟机状态

1．拍摄快照

步骤1　在"VMware Workstation"主窗口的虚拟机列表区域选中要操作的虚拟机（或选中正在运行的虚拟机），然后执行"虚拟机"→"快照"→"拍摄快照"命令，如图A-35所示。

步骤2　在"拍摄快照"对话框中输入快照的名称和描述信息（建议使用虚拟机当前状态命名和描述），填写完成后单击"拍摄快照"按钮，如图A-36所示。

图A-35　拍摄快照　　　　　　　　　　　　　　　　图A-36　输入快照名称

步骤3　参照上述2个步骤和操作方式可创建多个快照。

2．恢复快照方法1

步骤1　在"VMware Workstation"主窗口的虚拟机列表区域选中要操作的虚拟机，如图A-37所示。然后执行"虚拟机"→"快照"命令，进入下一级菜单后选择要还原的快照名称（VMware Workstation会按照先后顺序进行排列，快照拍摄时间距离当前时间较近的靠前）。

图A-37　选择快照

步骤2　在恢复快照警告对话框中单击"是"按钮进行确认，如图A-38所示。

步骤3　等待快照恢复完成并进入拍摄快照时的系统状态，如图A-39所示。

图A-38 恢复快照确认

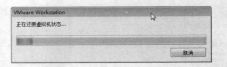

图A-39 快照正在恢复

3. 恢复快照方法2

步骤1 在"VMware Workstation"主窗口的虚拟机列表区域选中要操作的虚拟机,然后执行"虚拟机"→"快照"→"快照管理器"命令,如图A-40所示。

图A-40 打开快照管理器

步骤2 在"快照管理器"对话框中的快照会以流程图的形式显示,如图A-41所示。可根据实际需要选中将要恢复的快照,单击"转到"按钮即可恢复到指定的系统状态。

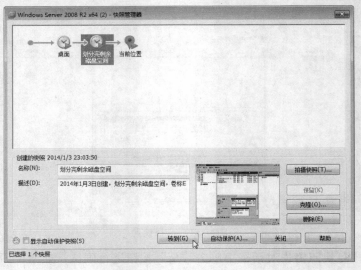

图A-41 选择还原点

附录B　项目知识自测参考答案

学习单元1

项目1

1）ACD	2）ABC	3）ABDE	4）D	5）B

项目2

1）D	2）B	3）CE	4）ABC	5）ABCE
6）C	7）B	8）A	9）C	10）BD

项目3

1）BD	2）ABC	3）ABD	4）AD	5）B

项目4

1）BCD	2）D	3）B	4）AC	5）C
6）ABCDEF	7）C	8）ABCDF	9）BCD	

学习单元2

项目1

1）B、F	2）D	3）BDE	4）ABCDFG	5）ACD
6）AD	7）C	8）B		

项目2

1）C	2）AC	3）C	4）B	5）BC

项目3

1）AD	2）B	3）AB	4）ACD	5）B

项目4

1）ABD	2）B	3）A	4）B	5）B
6）ABCD				

项目5

1）AC	2）C	3）AC	4）ABCDF	5）BCD

项目1

1）B	2）A	3）B	4）B	5）ABCDE

项目2

1）A	2）ABC	3）D	4）C	5）A

项目3

1）D	2）A	3）C	4）D	